ハチのくらし大研究

知恵いっぱいの子育て術

松田 喬

PHP

はじめに
——ハチの世界へようこそ

　初夏の川原で、切りとった葉っぱを口とあしでだきかかえて運ぶヤマトハキリバチに出会いました。まるでアニメ映画『魔女の宅急便』の、ほうきに乗って飛んでいる主人公キキみたいですね。

　ハチは人を毒針でさすこわい虫とおもわれがちです。でも、人を攻撃することがあるのは、スズメバチやミツバチなどの家族でくらすハチです。巣をあらす敵から家族をまもるために、これらのハチは毒針で攻撃してくることがあるのです。大部分のハチは単独でくらしていて、素手でつかまえたりしなければ、さすことはありません。それに、もともと毒針をもっていないハチのほうが多いのです。ヤマトハキリバチは単独で生活するハチで、毒針をもっていますが、おとなしいハチです。観察している人をおそうことはありません。

　ハチには、子どもを育てるために巣をつくり、子どものえさとして狩りの獲物や花粉と花の蜜でつくった花粉団子を用意するものがいます。これは、ほかの昆虫たちには見られない独特の子育て法です。ハチは子どもをたいせつに保護して育てます。ハチたちの愛情いっぱいの子育てを調べてみましょう。

▶切りとった葉っぱを後ろあしでしっかりとかかえて飛ぶヤマトハキリバチ。体長10〜13mmくらいの中型のハキリバチで、1年に1回、春に活動する。写真は10分の1秒の間隔で連続撮影したものを合成。

▲ヤマトハキリバチがエゴノキの葉を大あごで切りとったあと。

▲石の下の巣穴に葉っぱでつくった育室があった。その中に花の蜜と花粉をたくわえ、花粉ケーキをつくって産卵する。

もくじ

はじめに──ハチの世界へようこそ…………2
この本を読むにあたって…………6

第1章　カリバチの世界

狩りの獲物で子育てするハチ…………8
地中などに巣をつくるカリバチ…………10
泥で巣をつくるカリバチ…………12
竹筒などに巣をつくるカリバチ1…………14
竹筒などに巣をつくるカリバチ2…………16
家族でくらすカリバチ1──アシナガバチの仲間…………18
家族でくらすカリバチ2──スズメバチの仲間…………20
＜もっと知りたい＞　スズメバチに擬態する昆虫…………21
＜コラム＞　ハチの毒と毒針…………22

▲コガタホオナガヒメハナバチ

▲キイロスズメバチ

第2章　ハナバチのくらし

花粉と花の蜜で子育てするハチ…………24
＜もっと知りたい＞　元祖ドローン…………25
地中に巣をほるハナバチ…………26
竹筒などに巣をつくるハナバチ…………28
葉っぱでつくる育室──ツルガハキリバチ…………30
のっとった巣で子育てするハチ…………32
＜もっと知りたい＞　まだまだいるカッコウビー…………33
家族のはじまり…………34
家族でくらすハナバチ──コマルハナバチ…………36
樹洞の中の超大家族──ニホンミツバチ…………38
＜コラム＞　ミツバチの知恵…………40

▲アシブトムカシハナバチ

▲ミカドトックリバチ

▲モンクモバチ

▲タマゴクロバチの一種

▲コアシナガバチ

第3章 ハチのたどってきた道

はじめは草食系だったハチ……42

＜もっと知りたい＞ ハバチの幼虫……43

昆虫に寄生するハチ1……44

昆虫に寄生するハチ2……46

＜もっと知りたい＞ 虫こぶをつくるハチ……47

寄生から狩りへ……48

カリバチからハナバチへ……50

＜もっと知りたい＞ ハチの種類数……51

＜コラム＞ 竹筒トラップで観察しよう……52

第4章 ハチがまもる自然の多様性と生態系

カリバチの多様な狩りの獲物……54

小さな天敵の役目……56

花のたいせつなパートナー、ハナバチ……58

おわりに──ハチがまもる生態系……60

さくいん……62

▲アカガネコハナバチ

▲ホソハネコバチの一種

▲キコシホソハバチ

この本を読むにあたって

　ハチには、ほかの昆虫にない特徴がいくつかあります。そこでハチの特徴と、この本を読むときに必要な用語をかんたんに説明しておきましょう。

ハチのからだのつくり　ハチのからだは、ほかの昆虫たちと同じように頭・胸・腹の3つの部分に分かれ、胸に4枚のはねと6本のあしがついています。ハチの特徴は、透明な膜状のはねを4枚もっていることで、膜翅類（目）ともよばれます。少し大きな前ばねに小さな後ろばねが、フック（翅鉤）で連結されて1枚の大きなはねとなって動き、ハチの力強くたくみな飛行を可能にしています。

ハチの種類　生物は種を基準に分類されます。特徴がにている種をまとめて科、科をまとめて目というグループに区分します。たとえばニホンミツバチは、ハチ目ミツバチ科ニホンミツバチとなります。
　ハチは昆虫の中でも種類数が多いグループの一つで、日本だけでも約4600種に名前がつけられています。特徴がたがいににている種が多いことなどから、今後研究が進むにつれて、もっとたくさんの新種が見つかると考えられます。
　ハチには種の分類とは別に、カリバチ（狩りバチ）やアリ、ハナバチ（花バチ）など、子育ての方法のちがいで区分したグループがあります。カリバチはクモや昆虫をとらえて幼虫（子ども）のえさにします。また、ハナバチは花粉や花の蜜を集めて幼虫のえさにします。寄生バチは、幼虫がクモや昆虫に寄生して育つハチです。

巣と育室　カリバチとハナバチは、親バチが幼虫を育てるために巣をつくります。昆虫の中で親が子どものために巣をつくるのは、ハチなどごく一部です。巣には幼虫が育つ部屋があり、これを育室（あるいは育房）といいます。育室は子ども部屋と食料庫をかねたもので、カリバチはクモやイモムシなどの獲物を、ハナバチは花粉や花の蜜を幼虫のえさとしてたくわえます。

社会性　多くのハチはメスバチが1ぴきで巣をつくる単独性ですが、母バチと子バチがいっしょに家族で生活するハチがいます。家族で生活する昆虫を社会性昆虫といい、スズメバチやミツバチのように、女王バチと働きバチが仕事を分担して共同生活している場合には真社会性昆虫といいます。

　この本では、はじめにカリバチとハナバチの生活を紹介し、つぎに最も原始的なハバチからヤドリバチをへてカリバチ、ハナバチへと進化していったハチの歴史をたどります。最後にハチが昆虫やクモの天敵、花粉の運搬者として自然（生態系）の中でたいせつな役割をはたしていることを紹介します。

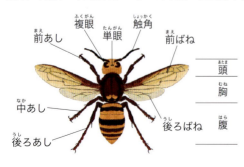
▲オオスズメバチのからだ。

▲ニホンミツバチのからだ。

▲後ろばねのフック（翅鉤）。

第1章
カリバチの世界

▼ミカドドロバチ

第1章 カリバチの世界

狩りの獲物で子育てするハチ

クモや昆虫をとらえて巣に運ぶハチをカリバチ（狩りバチ）といいます。カリバチが巣をつくるのは子育てのためです。どんな方法で狩りをするのでしょう。

狩りの方法

家族で生活しているスズメバチやアシナガバチは獲物をとらえると、じょうぶな大あごでかみついて殺し、肉団子にします。単独で生活するカリバチは、狩りの獲物に麻酔をして巣に運び、幼虫のえさにします。獲物は麻酔で動けませんが生きているので、えさは新鮮な状態にたもたれています。

▲花にとまっているハエを見つけたキイロスズメバチ。

▼ハエをとらえたキイロスズメバチ。

▲イモムシを肉団子にするコアシナガバチ。

▲コハナバチをとらえたナミツチスガリ。

▲とらえた獲物に麻酔をするナミツチスガリ。

大活躍の母バチ

　カリバチは母バチだけが狩りをします。また、巣づくりや子育てもメスだけがおこないます。つまり、狩りから巣づくり、子育てまでを母親になるメスだけがするのです。オスの役割はメスと交尾して遺伝子をのこすだけです。多くの昆虫は、メスは卵を産むだけで巣づくりも子育てもしません。カリバチのように、母バチが巣づくりや子育てをすることのほうがめずらしいのです。

▲ハナバチを巣に運んできたナミツチスガリ。

▲チダケサシの花の蜜をなめるナミツチスガリ。

▲交尾しようとするナミツチスガリ。

▲樹液をなめるオオスズメバチ。

意外な親バチの食事

　メスバチは幼虫のためにクモや昆虫を狩りますが、自分でこれらの獲物を食べることはできません。腰がとても細くくびれているために、肉などはお腹の消化管に送ることができないのです。成虫は花の蜜や樹液を活動のエネルギーにしています。

地中などに巣をつくるカリバチ

カリバチの巣づくりには、ほる、きずく、しきるの三つの方法があります。いちばん多いのが、地中や朽ち木などに巣穴をほる方法です。巣づくりのようすを観察してみましょう。

モンクモバチ（クモバチ科）

モンクモバチは、丸い網を張るコガネグモの仲間を狩ります。最初に狩りをしてから巣をつくります。クモをとらえて麻酔し、クモの触肢（昆虫の触角にあたる）を口にくわえて後退しながら運びます。草のまばらな空き地に運び、草や石の上などに置いてから巣をほります。巣穴の奥を広くして子どもが育つ部屋、育室をつくります。育室ができあがると1ぴきのクモを運び入れ、産卵してから穴をていねいにうめもどします。※1　1か所に一つの育室しかつくらないので、このような巣を単房巣といいます。

▶大あごで土をくずし、前あしで砂をかきだすモンクモバチ。

▶巣穴にオニグモを運び入れる。

▶ほりだした巣（断面）。奥に運びこまれたクモがいる。

◀ほった巣穴の中に土が入らないように、小石で入り口をふさぐサトジガバチ。

サトジガバチ（アナバチ科）

サトジガバチ※2は草地や林のへりでイモムシ（ガの幼虫）を見つけてとらえます。モンクモバチとちがって、ジガバチは巣づくりをした後で狩りをします。川原の砂地や畑のあぜ道などに巣穴をほります。巣ができあがると、土が育室に入らないように小石で栓をしてから穴をうめもどします（仮封鎖）。狩りでとらえたイモムシは麻酔してから巣に運びます。巣に着くと巣の入り口をほりかえし、獲物を運び入れて産卵します。イモムシが大きいときは1ぴき、小さいときは2～4ひきほどを入れます。

※1　ハチは種類によって母バチが産卵をしたあと巣から去ってしまうものと、のこって子どもの世話をするものとがある。
※2　サトジガバチによくにたヤマジガバチというハチがいて、区別がむずかしいので、まとめてジガバチとよぶことがある。

▲とらえたイモムシを口でくわえ、前あしでかかえて巣に運ぶサトジガバチ。

▲イモムシをそばに置いて穴をほりかえす。

▲巣穴に後ろむきでイモムシを引き入れる。

クララギングチバチ（ギングチバチ科）

巣穴は地中だけでなく枯れ木や朽ち木、生きている草の茎を利用するハチもいます。クララギングチバチはクララ、タケニグサ、アヤメなどの生きている茎に巣穴をほります。

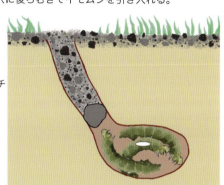

▶サトジガバチの巣の断面図。

▲とらえたハナアブを運んできて巣に入るクララギングチバチ。

▼一つの育室に運ばれていた獲物。1ぴきのハエに卵が産みつけられている。ハエに産みつけられたクララギングチバチの卵（円内↓）。

▲アヤメの花茎にほった巣から飛びだすクララギングチバチ。巣穴をほったときの繊維くずが入り口からのぞいている。

▲茎にほられた育室の断面の一部。

泥で巣をつくるカリバチ

泥で巣をつくり、狩りをしてとらえた獲物を運びこみ、子育てするハチがいます。種類によって巣の形はいろいろです。どんなハチがどんな形の巣をつくるのでしょうか。

ミカドトックリバチ（ドロバチ科）

トックリバチの仲間は泥を使ってみごとなつぼ形の巣をつくります。粘土質の土に水とだ液をまぜてねり、泥の玉をつくります。このときにまぜるだ液に防水作用があるので、雨にぬれてもくずれません。泥の玉を前あしでかかえて運び、草の茎や木の幹、建物の壁などに巣をつくります。

前あしと大あご、舌で泥を引きのばし、自分のからだを回転させながら、はじめは皿形の底をつくります。さらにその上に泥を重ねてつぼ形にします。最後に反りかえった襟をつければ完成です。巣が完成すると尻をさしこんで産卵します。産卵が終わると狩りにでかけます。狩りの獲物はガの幼虫（イモムシ）です。つぼがいっぱいになるまで何回も獲物を運びます。

卵は2日ほどでふ化し、幼虫はつぼにたくわえられていたイモムシを食べて育ち、2週間ほどでサナギになります。

▲泥の玉を運んで巣づくり。

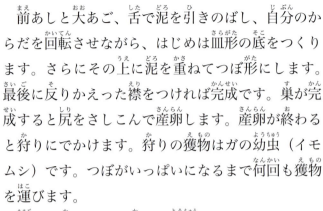
▶入り口に襟をつけると巣は完成。

▲小さな入り口にお尻をさし入れて産卵する。

◀イモムシをとらえて麻酔をする。

▲イモムシをとらえて巣に運びたくわえる。

▲イモムシを食べる幼虫（↓）。黒いのはイモムシの糞で、イモムシはまだ生きている。

▶サナギになったミカドトックリバチ。

▲泥の玉で巣をつくるヒメクモバチの一種。お腹の先を左官職人のコテのように使って巣をつくっていく。

▲巣にクモを運び入れるヒメクモバチの一種。

▶すべての巣ができあがると全体を泥でおおう。

ヒメクモバチの一種（クモバチ科）

このヒメクモバチの一種※は全身真っ黒の小さなハチで、ハエトリグモやフクログモなどを狩ります。クズなどの葉の裏につぼ形の巣をつくります。一つ完成するとつぎの巣をならべ、つぎつぎにつくります。巣は10個以上つくり、20個をこえることもあります。最後に全体をていねいに泥でおおいます。

モンキジガバチ（アナバチ科）

モンキジガバチはハエトリグモを狩るカリバチです。モンキジガバチは雨のあたらない軒下などに泥で筒形の巣をつくります。巣はつぎつぎにならべてつくり、最後に泥で上ぬりをします。

▲小川のそばのしめった場所で、巣材の泥の玉をつくるモンキジガバチ。

▲軒下につくった巣に獲物を運び入れる。

▶全体を泥でおおう。

※このヒメクモバチは、これまでナミヒメクモバチとよばれていた。ナミヒメクモバチには複数の種がふくまれている可能性があり、再検討中のため、まだ種名が確定していない。

竹筒などに巣をつくるカリバチ１

穴をほらずに、竹筒の中の空間などをうまく巣穴に利用するカリバチがいます。どのように竹筒を使うのでしょう。

オオジガバチモドキ(ギングチバチ科)

オオジガバチモドキはスリムで、独特の体形をしています。子育てのために、内径５〜６㎜ぐらいの細い竹筒などの内部に、泥でしきりをつくって育室にします。

狩りの獲物は、丸い網を張るコガネグモやアシナガグモの仲間などです。黒い紙でおおって光が入らないようにした透明なアクリル管を用意したら、運よく巣をつくってくれました。最初の育室が完成し

▲アシナガグモをとらえたオオジガバチモドキ。

たところで、おおっていた黒い紙を取りのぞいてみましたが、明るくなったことを気にすることもなく巣づくりをつづけました。

▲巣に泥を運ぶ。

▲巣にクモを運び入れる。

▲巣が完成すると５〜10ぴきぐらいのクモを運び入れる。

◀泥でしきり壁をつくるためには、10回ぐらい泥を運んでくる。アクリル管のおおいを取りのぞいて見たところ。

▲じゅうぶんなえさを運び入れると産卵する。

▲つぎつぎにできあがる育室。

▶クモを食べて成長する幼虫。

▲獲物を食べつくした幼虫(左)とマユをつくりはじめた幼虫(中)、完成したマユ(右)。

オオフタオビドロバチ（ドロバチ科）

オオフタオビドロバチは内径が8mmぐらいの竹筒をこのみます。巣づくりに適した竹筒を見つけると、中をきれいにそうじしてから産卵します。卵は天井から短い糸でつり下げられています。狩りの獲物はハマキガなどのガの幼虫（イモムシ）です。狩りをくりかえして10〜20ぴきほどの獲物を運び入れます。狩りが終わると泥を運び、つぎのしきりの壁をつくります。

▲ハマキガの巣で幼虫をさがすオオフタオビドロバチ。

▲ハマキガの巣でとらえた幼虫（イモムシ）に麻酔をする。

▲巣にイモムシを運ぶ。

▲しきりをするための泥を運ぶ。

▶天井からつり下げられたオオフタオビドロバチの卵。

▲完成した巣。後からつくられた育室の卵（↓）はまだふ化していない。竹筒を割って見たところ。

▲育室の中のイモムシ。黒いのはイモムシの糞で、まだ生きていることを示している。右上はオオフタオビドロバチの卵（↓）。

▲竹筒の育室の中でイモムシを食べて成長する幼虫（↓）。

15

竹筒などに巣をつくるカリバチ 2

ヒゲクモバチの一種（クモバチ科）

このヒゲクモバチは、内径が6～8mmぐらいの竹筒をこのんで利用していました。ワカバグモやハエトリグモなどを狩り、クモのお尻にある糸いぼをくわえて巣に運びます。1ぴきの獲物を運び入れると産卵して、小石や泥などでしきります。

▶ワカバグモを運ぶヒゲクモバチの一種。

▲巣の中のようす。育室と育室の間のしきりに土や小石がつめこんである。

◀しきりの土を運ぶ。

コクロアナバチ（アナバチ科）

コクロアナバチは内径が1cmをこえるような太い竹筒に巣をつくります。狩りの獲物はクサキリなどのキリギリスの仲間です。巣に3～5ひきほどの獲物を運び入れると、枯れ草でしきりをします。

▲若いウマオイをかかえて巣に飛びこむコクロアナバチ。　　▲育室のしきりに使う枯れ草を運ぶ。

◀巣の中のようす。一つの育室に多数のウマオイが運びこまれている。

ヤマトフタスジスズバチ（ドロバチ科）

　泥の代わりに、生の木の葉をかみくだいたもので壁をつくり、育室をしきります。育室と育室の間にすき間があり、数枚の葉っぱが入れられていることが多く、内径が6mmぐらいの竹筒をこのみます。

▲イモムシを運ぶヤマトフタスジスズバチ。

▲育室のしきり用に、木の葉を切りとって運ぶ。

▲ヤマトフタスジスズバチの巣の中のようす。すべて前蛹（サナギになる前の段階）になっている。

エントツドロバチ（ドロバチ科）

　エントツドロバチは竹筒のほか、雨のあたらない岩のすき間や建物の壁などに泥でトンネル状の巣をつくることもあります。巣の入り口にかならず泥で"えんとつ"のような筒を下向きにつけますが、全部の育室ができると、えんとつを取りのぞきます。

　ほかのハチにくらべて巣をつくる期間が長く、卵のふ化が近づいてからイモムシを運びはじめます。幼虫がある程度成長すると、その後の成長に必要な獲物を運んで泥でしきります。こうしたえさのあたえ方を随時給餌といいます。ほかのハチのように、必要なえさをまとめて運び入れてあたえる方法を一括給餌といいます。

▲建物の壁につくられたエントツドロバチのトンネル状の巣。
▼巣の中のようす。エントツドロバチの幼虫は大きく育っているのに、しきりの壁はまだつくられていない。

▲えんとつをつくる。

▶イモムシを運んでくる。

家族でくらすカリバチ1 ──アシナガバチの仲間

アシナガバチとスズメバチは、女王（母バチ）とその娘バチが家族でくらしています。その1年間の生活を調べてみよう。

キボシアシナガバチ（スズメバチ科）

キボシアシナガバチは全国にふつうに見られるアシナガバチです。垣根や軒下などの人家付近にも巣をつくります。

初夏に母バチが1ぴきで巣づくりをはじめます。枯れた木からけずりとった繊維にだ液をまぜて固め、和紙のようにしてじょうぶな巣をつくります。一つの育室ができると産卵し、つぎの育室をつくります。

卵がふ化すると狩りにでかけ、獲物を肉団子にしてもちかえって幼虫にあたえます。やがて羽化した娘バチは働きバチとなり、巣づくりや子育てや狩りなどの仕事をします。母バチは女王として産卵に専念します。このように女王バチと働きバチが仕事を分担して生活することを「真社会性」といいます。

その後、家族がどんどん増えて、巣はだんだん大きくなっていきます。秋になると、つぎの世代の新女王とオスバチがたくさん生まれます。新女王はほかの巣のオスと交尾した後、朽ち木の穴などで冬をこします。働きバチやオスバチは年をこすことなく死んでしまいます。

▶1ぴきで巣をつくりはじめ子育てをするキボシアシナガバチの母バチ。

▲風化した材木から繊維をけずりとる。

▲イモムシをとらえて肉団子にする。

▲母バチ（右）と最初に生まれた娘バチ（左）。

▲つぎつぎに育室がつくられ、少しずつ家族が増えていく。

▲育室に卵（↓）、幼虫（↓）、サナギの入った黄色のマユ（←）が見えている。

▲秋にあらわれるキボシアシナガバチのオス。触角が長いのがオスの特徴。

◀大家族になったキボシアシナガバチの巣。

▲朽ち木で冬をこすキボシアシナガバチのメス。集団で越冬していることもある。春には母バチになる。

そのほかのアシナガバチの巣

　アシナガバチの巣は種類ごとに特徴がちがいます。育室をつくっていく方向もちがえば、育室を再使用することもあるからです。

▶長くたれ下がったヒメホソアシナガバチの巣。

▲同心円状に広がっていくキアシナガバチの巣。

▲反りかえったコアシナガバチの巣。

◀横向きにつくられ、下にのびていくフタモンアシナガバチの巣。

▶下にのびていくが、あまり長くならないムモンホソアシナガバチの巣。

19

家族でくらすカリバチ2
──スズメバチの仲間

キイロスズメバチ（スズメバチ科）

　キイロスズメバチは中型のスズメバチで、日本各地に分布しています。枯れ木の繊維をけずりとり、だ液で固めて巣をつくります。アシナガバチとちがい、巣をおおうドーム形の外被がつくられるので、巣の中のようすは観察できません。また、スズメバチは巣をまもるために毒針で攻撃してくるので巣に近づくのは危険です。

　日本にいるスズメバチのくらし方は基本的にアシナガバチと同じです。冬をこした女王バチが、初夏に1ぴきで巣づくりをはじめます。その後、働きバチが生まれると女王バチは産卵に専念します。

　スズメバチはアシナガバチにくらべて巣の規模が大きくなります。とくにキイロスズメバチは活動期間が長いので、育室の数が1万をこえることがあります。

▲セイタカアワダチソウの花を巡回して狩りをするキイロスズメバチ。写真は10分の1秒の間隔で連続撮影したものから合成。

　秋になると巣には、つぎの世代の新女王とオスバチがつぎつぎに生まれてきます。新女王とオスバチは巣の中ではまったく働きません。このために働きバチはえさ集めの負担がたいへん大きくなり、攻撃性も強くなります。

▶育室の幼虫。白いのはサナギになる幼虫がつくったマユ。

▲大あごが大きく、どうもうに見える顔。

▶朽ち木の洞で冬眠する新女王。

◀出入り口が複数ある中期の巣。

▲樹液をなめるオオスズメバチ。樹液は成虫が活動するときのエネルギーとなる。そばにいるのはコクワガタ。

▲羽化する途中のセミをおそうモンスズメバチ。幼虫のえさにする。

▲クロカナブンにかみつくコガタスズメバチ。幼虫のえさにする。

ほかのスズメバチと巣

●オオスズメバチ

オオスズメバチは世界最大のスズメバチで、女王の大きさは4cm以上あります。育室も5000個以上になることがあります。攻撃性がたいへん強く、最も刺傷事故の多いスズメバチです。

オオスズメバチは大きな木の根元などの半地下の空洞に巣をつくります。このため地面の振動に敏感で、近くを通っただけでも攻撃されることがあります。

●モンスズメバチ

屋根裏や木の洞などの閉鎖された場所に巣をつくります。攻撃性が強く、巣に近づくとはげしくおどしてきます。セミをこのんで狩ります。

●コガタスズメバチ

オオスズメバチににていますが少し小型です。樹木の枝や家屋の軒下などに巣をつくります。つくりはじめの巣は、口の長いとっくりのような形になります。働きバチが生まれるとかじり取られて球形になります。

▲半地下につくられたオオスズメバチの巣。

▲木の洞につくられたモンスズメバチの巣。

▲とっくりのような形をしたコガタスズメバチの初期の巣。

●もっと知りたい●
スズメバチに擬態する昆虫

日中活動する昆虫の多くは鳥にねらわれています。ところがスズメバチは毒針で反撃するので鳥もさけます。そこで昆虫の中にはスズメバチの姿ににせる（擬態）ものもいます。

▲スズメバチにそっくりのマツムラナガハナアブ。
▶オオスズメバチによくにたセスジスカシバ。これでもガの仲間。

コラム

ハチの毒と毒針

●ハチの毒

ハチが毒針で注射する毒液には、1種類だけではなく、何種類もの毒がふくまれています。ハチの毒がおそろしいのは、ハチ毒アレルギーがおこるからです。一度さされてハチ毒アレルギー体質になった人が、つぎにさされたときにアナフィラキシーショックという、はげしい症状があらわれることがあります。さされた部分が大きくはれて、心臓がどきどきとはげしく打つなどの症状がでたら、すぐに病院で治療をうける必要があります。

▲最も危険なスズメバチの仲間。左から右下へオオスズメバチ、キイロスズメバチ、モンスズメバチ。

▶キイロスズメバチの毒針。

●ハチの危険度ランク

ランク	特徴	おもなハチ
5	巣やえさ場をまもるためにはげしく攻撃する。毒が強く、さされるととても痛い。	オオスズメバチ、キイロスズメバチ、モンスズメバチ。
4	巣をまもるために攻撃する。毒は強く、さされると痛い。	上の3種以外のスズメバチ、アシナガバチ、セイヨウミツバチ。
3	巣をまもるために攻撃することがある。さされると痛い。	ニホンミツバチ、マルハナバチ。
2	ハチから攻撃してこないが、手でもつとさす。さされると痛い。	ドロバチ、アナバチ、クモバチなど。
1	ハチから攻撃してこないが、手でもつとさす。さされてもあまり痛くない。	ハナバチと一部のヒメバチ・コマユバチなど。
番外	手でもってもささない。	ハバチ・キバチ、セイボウ、コバチ、大部分のヒメバチ・コマユバチ。

※千葉県立中央博物館監修『あっ！ハチがいる！』p82を改変。

●ミツバチの命をかけた毒針攻撃

ミツバチの毒針は人間やけものなどをさすと、かえし（逆向きの突起）があるので、皮ふにささったままぬけません。強く引っぱると針と毒のうがとれて、ミツバチは死んでしまいます。ミツバチ以外のハチはかえしがないので、何回でもさすことができます。

▶人の皮ふにささったままとれてしまったミツバチの毒針と毒のう。ここからでるにおいに、ほかのミツバチが集まってくる。

▲かえしのあるミツバチの毒針。

第2章
ハナバチのくらし

▼キムネクマバチ

花粉と花の蜜で子育てするハチ

花粉と花の蜜をえさにして子育てをするハチをハナバチ（花バチ）といいます。花の蜜はカロリーが高く、花粉はタンパク質などのたいせつな栄養をたくさんふくんでいます。

ハナバチのからだ

花の蜜や花粉はたくさんの花から集めなければならず、手間はかかります。しかし、狩りの獲物のようににげたり、反撃したりすることがありません。

ハナバチはカリバチから進化したので、腰が細くくびれたからだつきや、巣づくりや子育てをメスだけでおこなう性質などをカリバチからうけついでいます。その一方で、花の蜜をすうための長い舌（中舌）や花粉を集めるための毛、花粉を運ぶための毛（花粉運搬毛）など、ハナバチだけの特別な構造を身につけました。

▲ハギの花の花粉と蜜を集めるミツクリヒゲナガハナバチ。後ろあしに花粉をつけている。

▲後ろあしに花粉団子をつけたニホンミツバチ。カワラノギクの花で蜜をすっている。

◀ガクアジサイの花で花粉を集めるスミゾメハキリバチ。

▶ニホンミツバチの後ろあしの花粉かご（赤丸内）と花粉団子をつくる"くし"とプレス器（青丸内）。

▲長い口吻（くちばし）をのばしたニッポンヒゲナガハナバチ。

▲ニッポンヒゲナガハナバチの顔と口吻の構造。

▶花粉を後ろあしにつけて木の洞の巣にもどってきたニホンミツバチ。

▼幼虫の世話をするニホンミツバチ（働きバチ）。

▲土の中の巣の入り口にもどってきたアカガネコハナバチ。

▶アカガネコハナバチの育室内の幼虫と花粉団子。

●もっと知りたい● 元祖ドローン

　ドローンとよばれる無人航空機が話題になっていますが、これには「なまけもの」という意味があり、もともとはミツバチのオスのことです。ハチのオスは交尾して遺伝子をのこすことだけが仕事です。ミツバチのオスは巣ではなにもせず、働きバチの集めた蜜を食べるだけの居候です。小型の航空機の音がハチの羽音とにていることから、ドローンとよばれるようになったといわれています。

▲ニホンミツバチのオス。

25

地中に巣をほるハナバチ

ハナバチの中にもカリバチのように、地中の巣穴で子育てするものがいます。しかし、母バチが集めるのは花粉や蜜です。これらで花粉団子をつくって幼虫のえさにします。

初夏に活動するウツギヒメハナバチ

　ウツギは卯の花ともよばれ、初夏にたくさんの純白の花をつけます。ウツギヒメハナバチ（ヒメハナバチ科）はウツギの花がさく時期にあわせてあらわれて、この花の花粉と蜜を集めて子育てをします。ウツギヒメハナバチは草のまばらな空き地に巣穴をほります。同じ場所に多くのウツギヒメハナバチが巣穴をほるので、空き地には火山の噴火口のような土もりがたくさんできます。

▲ウツギの花で蜜と花粉を集めるウツギヒメハナバチ。

▲巣穴に蜜と花粉をもちかえったウツギヒメハナバチ。

▲ウツギヒメハナバチの巣穴をほってみたところ（断面）。いちばん奥に花粉団子の入った育室がある。

▲ウツギヒメハナバチの巣穴は、深さ10〜25cmぐらいで、途中で枝分かれして8〜9個ほどの育室がつくられる。これを多房巣という。

▲噴火口のように、ほった土が積みあげられた巣の入り口。

▲育室の内壁はハチのお尻の先（デュフール腺）からだした分泌物で防水加工されている。直径約6mmの花粉団子の上に、長さ約2mmのバナナ形の卵が産みつけられている。右は花粉団子を食べて成長する幼虫。

秋に活動する シロスジフデアシハナバチ

シロスジフデアシハナバチ（ケアシハナバチ科）は秋にあらわれ、草のまばらな日あたりのよい空き地に巣穴をほります。巣づくりに適した場所はかぎられているので、たくさんのシロスジフデアシハナバチの巣がとなりあってつくられます。場所によって巣穴はとても深く、1mをこえることもあります。巣穴ほりはシロスジフデアシハナバチにとって重労働のようです。ウツギヒメハナバチとちがって育室の壁は防水加工されていません。

▲秋の花、アキノノゲシにきたシロスジフデアシハナバチ。

▲地中に子育て用の巣穴をほる。

▲蜜や花粉を運んで巣の入り口までもどってきたシロスジフデアシハナバチ。

▲巣穴の入り口付近にもりあがった多数の土の山。いずれも巣穴をほったときの土。

▲花粉団子は直径約8mmの球形で3本のあしがあり、床からういている。直接土にふれるとカビなどの菌類におかされるので、それを防ぐためのようだ。卵はバナナ形で長さ約4mm。

▲花粉団子を食べながら成長する幼虫。

▶花粉団子を食べつくして大きく成長した幼虫。

▶石こうで型どりした巣穴の断面。深くて1mをこえることもある。

▲シロスジフデアシハナバチの巣穴は先で枝分かれした多房巣で、6〜9個ほどの卵形の育室がつくられる。

竹筒などに巣をつくるハナバチ

ハナバチの中にもカリバチのように、竹筒やほかの昆虫がつくった穴などに巣をつくり、子育てするものがいます。しかし、母バチが集めるのは花粉や蜜。それらをゼリーやケーキのように固めて幼虫のえさにするのです。

▲アオジソの花にやってきたニッポンメンハナバチのメス。
▶ニッポンメンハナバチの仮面のような顔。左がオス、右がメス。

セロファン状の膜でつくる育室

ムカシハナバチ科のメンハナバチの仲間は、黒い地色に黄色の"くまどり"の顔が仮面のように見えます。また、からだにはほとんど毛がなく、カリバチにそっくりです。花粉運搬毛がないので、花粉は飲みこんで蜜といっしょに運びます。

ニッポンメンハナバチは、体長が6〜8.5mmほどの小さなハチです。日本全国に分布していて、竹筒など植物の管の内側をうすいセロファン状の膜※でおおい、ふくろ状の育室をつくります。

なお、巣の内部を観察するために透明のアクリル管を用意し、黒い紙でおおって光が入らないように（遮光）して、ハチが巣をつくるのを待ちました。

◀アクリル管内に、半透明のセロファン状の膜で育室をつくっている。遮光をはずして見たところ。

◀育室に花粉と蜜の混ざった液をはきもどす。

◀直列にならんだニッポンメンハナバチの育室。

ねり土で竹筒をしきった育室

▲ヨシ筒に泥を運びこむマメコバチのメス。

マメコバチは年1回、春の4〜5月ごろにだけ活動するハキリバチ科のハナバチです。細い竹筒やヨシ筒などに、泥にだ液を混ぜたねり土で壁をしきり、育室をつくります。マメコバチが1本の筒につくる育室は8〜12室ぐらいで、最後の育室が完成すると防護壁と封鎖壁をつくります。2〜3本の筒につくるので、1ぴきの産卵数は20個以上になります。マメコバチの場合も、竹筒の代わりに遮光した透明のアクリル管を用意して観察しました。

※お尻の先のデュフール腺の分泌物を舌でうすくぬり広げてセロファン状にする。

▲マメコバチはアクリル管内をねり土でしきり、育室をつくった。

▲蜜と花粉をケーキ状にしてたくわえる。

▶産卵するマメコバチ。

▼最後の育室が完成すると防護壁（→）と封鎖壁（→）がつくられる。

竹筒内をヤニでしきった育室

　オオハキリバチはメスの体長が2〜2.5cmと大型で、夏から秋のはじめに活動します。太めの竹筒やほかの昆虫がつくった穴、樹洞などに巣をつくり、おもにクズの花をおとずれて幼虫のえさ用に花粉と蜜を集めます。

　オオハキリバチもハキリバチ科のハナバチですが、葉っぱは切りとりません。マツやモミなどのヤニ（樹脂）に木のくずや土を混ぜたものを用いて竹筒をしきり、育室にします。1本の竹筒につくられる育室の数は4〜8室ぐらいで、2本以上に分けて20室ほどつくります。

▲育室をしきるヤニを運ぶオオハキリバチ。

▲オオハキリバチの卵はバナナ形（長さ6mm、太さ1.5mm）。黄色いのが花粉と蜜でつくった花粉ケーキ。

▲若い幼虫。

▲大きく育った幼虫。

▲うすい膜状のマユの中で前蛹になって冬をこす。

▲全部の育室が完成した巣の内部。左から順に幼虫の成長が速い。右の3つの育室はまだ卵のまま。

第2章 ハナバチのくらし

葉っぱでつくる育室
——ツルガハキリバチ

竹筒やほかの昆虫がつくった穴などを巣に利用して、花粉と蜜を運び、幼虫を育てるハチがいます。ツルガハキリバチなどです。育室には葉っぱを用います。

切りとった葉片を巣に運ぶ

ツルガハキリバチは初夏から秋まで、日本の各地でふつうに見られる中型（メスの大きさは13㎜）のハキリバチ科のハナバチです。育室づくりに葉っぱの切りとった部分（葉片）を使います。幼虫のえさにするために、ハギ、アザミなどの花をおとずれて花粉や蜜を集めます。

▲からだより大きな葉を切りとって、またがるようにあしでかかえ竹筒の巣にもどってきたツルガハキリバチ。

▶大あごでハギの葉を切りとるツルガハキリバチ。1枚の葉片を切りとるのに1分ぐらいかかる。

▲ハマキガの幼虫がヤマブドウの葉をまいてつくった巣に切りとった葉片を運ぶ。

巣は竹筒やカミキリムシの脱出した穴※などを利用します。ハマキガの幼虫が葉をまいてつくった巣やクサグモの巣などにつくることもまれにあります。育室をつくるための葉片は近くに生えている草木から切りとります。

花粉ケーキに産卵

ツルガハキリバチは、巣に運んできた葉片でコップ状の育室をつくります。卵形の葉片を筒状の壁づくりに用います。

※カミキリムシの幼虫は樹木の中で木材を食べながらトンネルをほって育ち、サナギから成虫になると穴をあけて外にでてくる。

▲ハギの花にきて蜜をすうツルガハキリバチ。

▲お腹の毛に黄色い花粉をつけて巣にもどってきたツルガハキリバチ。

育室ができると、花粉と花の蜜を集めて運びます。花粉と花の蜜集めをくりかえし、じゅうぶんなえさがたくわえられて花粉ケーキができあがると、その上に産卵します。つぎに円形の葉片を運んで入り口を閉鎖します。葉片の端をかみくだき、だ液を加えて壁としっかり密着させます。これをくりかえして1本の竹筒に8〜12個ぐらいの育室を直列にならべてつくります。

▲竹筒の中から出てきた9個の育室（左上）。その下のたくさんの葉片は、竹筒と育室の間をうめるのに使われていた。

▶円形に切りとった葉片でしっかりととじられたコップ状の育室。

▲竹筒の中の、切りとった葉片でつくられたツルガハキリバチの巣。下の物差しの目盛りは1mmきざみ。

▲育室の花粉ケーキに産んだ卵。

▲花粉ケーキを食べながら成長する幼虫。

▲終齢になった幼虫。

▲入り口の葉片を食い破り羽化する成虫。

のっとった巣で子育てするハチ

子育て用の巣をつくらず、ほかのハチの巣にちゃっかり産卵するハチがいます。巣をつくったハチの卵や幼虫はどうなるのでしょう。

▶完成した巣へ侵入して泥やヤニを運びだす。左奥にハラアカヤドリハキリバチの赤いお尻が見えている。

◀オオハキリバチの巣を偵察するハラアカヤドリハキリバチ。

▶オオハキリバチの幼虫を運びだすハラアカヤドリハキリバチ。

オオハキリバチの巣をのっとるハチ

ハラアカヤドリハキリバチ(ハキリバチ科)は、ほかのハナバチのような長い毛がからだになく、カリバチのような姿です。巣づくり中のオオハキリバチの巣を毎日偵察にきてオオハキリバチが巣を完成して立ち去ると巣に侵入します。入り口やしきりのヤニや土、宿主(オオハキリバチ)の幼虫などをつぎつぎに運びだし、巣をわが子用に改造して産卵します。ハラアカヤドリハキリバチは産卵が終わっても、しばらくは巣にとどまり、巣をまもります。

空き巣泥棒のようなハチ

オオトガリハナバチ(ハキリバチ科)は、お腹の先がとがった独特のからだつきをしています。オオハキリバチの巣をたびたび偵察し、空き巣泥棒のように留守をねらって巣に侵入します。育室にたくわえられている花粉ケーキの量をたしかめて、オオハキリバチが産卵する直前に産卵します。このとき、とがった腹部で花粉ケーキに深い穴をあけて、その中にかくすように卵を産みつけます。

▲完成したオオハキリバチの巣。オオハキリバチの卵はバナナ形で、長さ6mm、太さ1.5mm。

▲3日後、のっとられる直前の巣内のようす。左の3つの育室ではオオハキリバチの幼虫が誕生。この直後にハラアカヤドリハキリバチが巣に侵入。

▲5日後、ハラアカヤドリハキリバチの産卵が完了。ハラアカヤドリハキリバチの卵は長さ3.5mm、太さ1mm。オオハキリバチの卵より一回り小さい。

オオトガリハナバチの幼虫は3齢になると、オオハキリバチの幼虫を大あごでかみ殺します。こうしてオオトガリハナバチの幼虫は、えさを独占して成長します。

日本には10種類のトガリハナバチの仲間がいます。全部の種がほかのハキリバチの巣に産卵します。

労働寄生

このように自分では巣づくりをせず、ほかのハナバチがつくった巣や花粉に産卵して子育てすることを労働寄生といいます。鳥のカッコウの仲間は自分で子育てせずに、ほかの小鳥の巣に産卵して自分の代わりに子育てさせます。そこで労働寄生するハナバチをカッコウビーとよんでいます。ビーとはハナバチのことです。

▲オオハキリバチの巣をのぞきこむオオトガリハナバチ。

▲オオハキリバチの留守の巣に侵入して産卵する。

▶↑はオオハキリバチの卵、↓はとなりの育室につきでたオオトガリハナバチの卵。

▲産卵から9日目、3齢に成長したオオトガリハナバチの幼虫。

▲からだの小さなオオトガリハナバチの幼虫が、大あごでオオハキリバチの幼虫にかみつく。

▲翌日、オオハキリバチの幼虫(下)は死んでいた。

●もっと知りたい● まだまだいるカッコウビー

労働寄生をするハナバチは日本で8系統93種も見つかっています。しかし、それぞれの種の寄生する相手(宿主)は、まだ一部のものしかわかっていません。

▲ダイミョウキマダラハナバチ(ミツバチ科)。宿主はヒゲナガハナバチ。

▲ヤドリコハナバチの一種(コハナバチ科)。宿主はおもにコハナバチ科のハチ。

▲ルリモンハナバチ(ミツバチ科)。宿主は近縁のフトハナバチ類のハチ。

家族のはじまり

単独生活をするハチの多くは、巣が完成すると巣をはなれてしまいます。一方、母バチが産卵後も巣にのこり、生まれた幼虫の世話をする種類がいます。家族のはじまりです。

キオビツヤハナバチの母親は長生き

　キオビツヤハナバチ（ミツバチ科）は明るい草地をこのみ、ススキ、ヨモギなどの枯れた茎の"ずい"に20cmぐらいのトンネルをほり、12室ほどの育室を直列につくります。全部の卵を産み終わっても、母バチは巣にのこり幼虫の世話をします。

親子の対面

　やがて、子どもたちがサナギをへてつぎつぎに羽化します。母バチは外出して蜜と花粉を集め、子バ

▲ヒメジョオンの花にやってきたキオビツヤハナバチ。

チにあたえます。子バチは成熟すると斑紋の黄色味がこくなり、親バチと区別できなくなります。多くの巣ではそのうち母バチは姿を消しますが、母バチが翌年まで生きのこることもあるようです。夏の終わりになると子バチは巣をでて独り立ちし、越冬用の巣穴をほります。

▲初期の巣。若い順に左から右へ、つくりかけの花粉団子、花粉団子に産んだ卵、成長するキオビツヤハナバチの幼虫。

◀幼虫のからだをきれいにそうじする母バチ。

◀子バチ（左）に花粉を食べさせる母バチ（右）。

▲ススキの茎にほった巣に花粉と蜜を集めてもどる。

◀すべてのキオビツヤハナバチの子バチたちが成熟した。

▲花粉と蜜を集め巣にかえってきたアカガネコハナバチの働きバチ（娘バチ）と、巣穴の入り口で門番をする母バチ。

▲巣の断面。青色は空き室やサナギになっていた育室。黄色は幼虫と花粉団子の入った育室。

アカガネコハナバチの生活

アカガネコハナバチ（コハナバチ科）は体長が6〜8mmのとても小さなハチで、4月から11月ごろまで活動します。春、メス（母）バチは、単独で草のまばらな場所に巣をほり、子育てをはじめます。はじめに生まれてくるのはメス（娘）ばかりです。母バチは産卵をつづけ、娘バチが働きバチとして育室づくり、花の蜜と花粉集めをして母バチをてつだいます。

夏の終わりには、メスとオスの子どもが生まれます。交尾したメスバチだけが冬をこし、翌春に母バチ（新女王）となります。

社会性のコハナバチ

コハナバチは全部の種が地中に巣をつくります。単独で生活する種から家族で生活する社会性（6ページも参照）の種まで見られます。ミツバチのように高度な社会性は見られませんが、ミツバチの仲間のほかにも、社会性の進化がおきている例です。

▲壁面が防水処理されたアカガネコハナバチの育室と花粉団子、卵。

▲アカガネコハナバチのサナギ。

▲アカガネコハナバチのオスは触角が長い。夏の終わりに生まれ、交尾後に死んでしまう。

家族でくらすハナバチ——コマルハナバチ

コマルハナバチは、春に1ぴきの女王バチが巣づくりをはじめ、やがて生まれてくるハチが働きバチとなり、女王を助けながら巣を大きくして家族をささえます。

森のまっくろくろすけ

コマルハナバチのメスは長く黒い毛でからだがおおわれ、お尻の先だけが赤くなっています。アニメ映画『となりのトトロ』にでてくる、「まっくろくろすけ」のようなかわいいハチです。

▲ムラサキケマンの花の蜜をすうコマルハナバチの女王。

早春、コマルハナバチの女王は長いねむりから目ざめて活動をはじめ、巣づくりをする場所をさがします。ネズミの古巣など、地下にほられた空洞で、中に枯れ草などがある場所をさがします。

▲ヤマツツジのめしべにぶら下がって花粉を集める働きバチ。

▲巣穴にもどってきた働きバチ。

巣の中のようす

　見つけた巣はシジュウカラが使っていた巣箱の中にありました。シジュウカラが集めたコケや羽毛の中につくっていたのです。繁殖が少し進んだ時期に巣箱のおおいを取りのぞくと、ブドウの実のような形の育室がたくさん見られ、女王バチと働きバチが幼虫の世話をしたり、休息などをしていました。

▲蜜つぼに蜜をはきもどす働きバチ。

▲たくわえられた花粉。

▲巣の中のようす。下のほうにいるからだが白いのは羽化したばかりのオス。右の円内は羽化して数日後のオス。

▲働きバチと女王バチ（右）。

▲幼虫の入った育室。

▲幼虫の世話をする働きバチ。

コマルハナバチの1年

梅雨明けごろ
交尾した新女王は地下の穴で休眠する。

夏の盛り・秋・冬
休眠をつづける。

早春
女王が目覚めて外にでる。

野ネズミの古巣などに育室をつくり、卵を保温する。

幼虫を保温し、えさをあたえ育てる。

初夏
働きバチが羽化して女王をてつだう。

働きバチがつぎつぎに羽化して巣は最盛期をむかえ、オスバチも誕生する。

梅雨のころ
女王は死をむかえ、新女王もつぎつぎに生まれる。

新女王は巣をでてほかの巣のオスバチと交尾する。

※ベルンド・ハインリッチ『マルハナバチの経済学』p22を参考に描く。

樹洞の中の超大家族
──ニホンミツバチ

第2章 ハナバチのくらし

ミツバチの群れは1ぴきの女王バチと、数千〜1万びき以上もの働きバチが超大家族をつくってくらしています。ミツバチ家族にはどんな特徴があるのでしょう。

冬も活動するニホンミツバチ

ミツバチは秋までにたくわえた花の蜜を使って越冬します。セイヨウミツバチは、冬は休眠しますが、ニホンミツバチは冬でも気温が10℃をこすと外へでて活動します。春から夏には、この家族に数百ぴきのオスバチが生まれます。

▲レンゲの花粉と蜜を集めるニホンミツバチの働きバチ。

女王は産卵マシーン

ミツバチの女王は巣づくりや子育てをせずに、ひたすら産卵だけをおこないます。女王バチは産卵マシーンのように、1日に数百から千個くらいの卵を産みます。オスバチの仕事はほかの巣の新女王と交尾することです。巣の中ではなにもしない「なまけもの（ドローン）」です。

働きバチの仕事

働きバチは女王バチが産んだ娘たちで、すべてメスです。働きバチの仕事の内容は、生まれてからの日数（日齢）にしたがって、幼虫の世話、育室づくり、門番など、巣の中での仕事からはじまり、日齢20日ごろには巣の外での花粉・花の蜜集めに変わります。働きバチの寿命は30〜60日※ほどです。

▲多くの働きバチでにぎわう樹洞にできた巣の入り口。からだが黒く眼の大きなオスもまじっている。

※春〜夏の働きバチの寿命は30〜60日、越冬する働きバチの寿命は4〜5か月。

▲幼虫の世話をする働きバチ。

▲お腹の下からでる蜜ろう(ワックス)で育室をつくる。

▲六角形の育室がならぶ巣盤。

▲産卵中の女王バチ(まん中の黒いハチ)。
▲からだが黒く眼の大きいのがオスバチの特徴。

分蜂

春になると新しい女王が育てられます。新女王の誕生が近づくと、旧女王はおよそ半分の働きバチとともに巣をでていき、新しい巣をつくります。この巣別れを分蜂(分封)といいます。

ニホンミツバチの1年

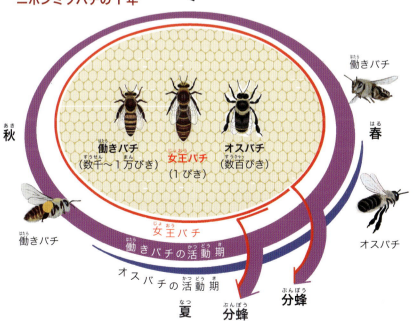

▲民家の庭のウメの木にぶら下がる分蜂した群れ。新しい巣をつくるところをさがしている。

39

コラム

ミツバチの知恵

●ミツバチのことば

　ミツバチは蜜や花粉集めに適した花がたくさんさいている場所を見つけると、巣にかえり「8の字ダンス」をおどって仲間に教えます。これは、巣の中の垂直になっている巣盤の上でお腹をふるわせながら、8の字をえがく行動です。このときに真上（図のオレンジ色の線）と直進しておどった方向（図の緑色の線）との角度が、太陽と花のある場所との角度になります。また、お腹をふるわせておどった時間が距離をあらわします。こうしてミツバチは仲間とともに効率よく蜜や花粉を集めています。

　この行動を明らかにしたカール・フォン・フリッシュ博士（動物行動学者）は、1973年にノーベル賞を受賞しています。

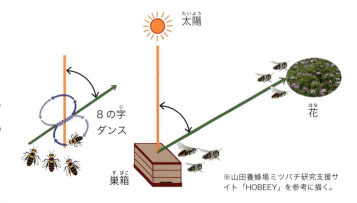

※山田養蜂場ミツバチ研究支援サイト「HOBEEY」を参考に描く。

●スズメバチの撃退法

　ミツバチの最大の天敵はスズメバチです。スズメバチは夏の終わりから秋にかけて群れが最大になります。この時期はえさになる虫も少なくなるので、ミツバチの巣が狩りの標的になるのです。

　スズメバチが巣に近づくとニホンミツバチは巣の入り口に数十ぴきが集まって、ウォーンといううなりとともに、いっせいに腹部を大きく反らせて、左右に波のようにふる行動（ウエーブ）で相手をおどかします。つぎにスズメバチが巣の入り口から中に入ろうとすると、いっせいに飛びかかって蜂球をつくります。蜂球の内部は46℃にもなり、この熱や二酸化炭素の濃度が高くなることで、スズメバチは死んでしまいます。ところがセイヨウミツバチの場合は、スズメバチを撃退するこのような方法を知りません。

▲キイロスズメバチをとりかこむ。

▲キイロスズメバチをつつんでできたニホンミツバチの蜂球。

◀巣に飛んできたキイロスズメバチをウエーブでおどすニホンミツバチ。

第3章
ハチのたどってきた道

▼ウマノオバチ

第3章 ハチのたどってきた道

はじめは草食系だったハチ

いちばん古いハチの化石は、およそ2億2000万年前（中生代三畳紀）の地層から見つかっています。これは恐竜が生きていた時代です。どんなハチだったのでしょう。

はじめは植物食だった

最初にあらわれたハチは、幼虫が植物の葉を食べるハバチの仲間です。この仲間は腰にくびれのない、ずんどうな体形をしています。その後、植物の茎を食べるクキバチや木の幹（木材）を食べるキバチがあらわれました。

▲産卵するアカスジチュウレンジ。ノイバラやテリハノイバラの茎に産卵する。

▲テリハノイバラの葉を食べるアカスジチュウレンジの幼虫。

▲産卵のときは、のこぎりのような産卵管で茎を切りさく。

▶産みつけられたアカスジチュウレンジの卵。

いろいろなハバチ

ハバチの産卵管は平たく、のこぎりのようなギザギザの刃があります。この産卵管で葉や茎を切りさいてすき間をつくり、そこに産卵します。ハバチの幼虫はいろいろな植物の葉を食べますが、種類ごとに食べる植物がきまっています。

▲キコシホソハバチ。幼虫はハコベやミミナグサの葉を食べる。

◀ホシアシブトハバチ。幼虫はエノキの葉を食べる。

▲クサソテツ（シダ）にとまるヒメクサソテツハバチのメス。

▲マツノミドリハバチの交尾。オス（上）はクシのような触角をもつ。

▲アブラムシを食べるクロハバチ。ハバチの成虫には肉食のものがいる。

成長のおそいキバチ

　キバチは枯れかかった木や、切りたおされた木などに産卵します。キバチは長いきり（錐）のような産卵管を使って、木の幹の深いところに産卵します。木材は消化しにくいうえに栄養も少ないので、幼虫の成長には時間がかかります。

ヤドリキバチの登場

　幼虫が木材を食べる昆虫には、キバチのほかにタマムシなどの甲虫類がいます。キバチの幼虫が、近くにいたキバチや甲虫の幼虫を食べてしまった。そんな偶然から、キバチや甲虫の幼虫への寄生がはじまり、ヤドリキバチがあらわれたのではないかと考えられています。

▲長い産卵管をもつオナガキバチのメス。

▲トサヤドリキバチ。からだの中に長い産卵管をもっている。

●もっと知りたい●
ハバチの幼虫

　ハバチの幼虫はチョウやガの幼虫とよくにていますが、お腹にあるあしの数で見わけることができます。どちらも胸にあるあしは3対です。お腹には、ものにつかまるための腹脚とよばれる突起があります。腹脚の数は、ハバチは5〜7対、チョウやガは4〜5対です。

▲チョウの仲間、スジグロシロチョウの幼虫。腹脚の数は4対。

▲ハチの仲間、ヒメクサソテツハバチの幼虫。腹脚の数は7対。

昆虫に寄生するハチ１

幼虫が昆虫やクモに寄生して育つハチをヤドリバチ※といいます。どのような特徴があり、どんな生活をしているのでしょうか。調べてみましょう。

▶竹筒の中のマメコバチの幼虫（前蛹）に産卵管をつきたてて産卵するシリアゲコバチ。ハチがハチに寄生する。

くびれた腰と長い産卵管のヤドリバチ

　ヤドリバチは種類が多く、日本だけで2500種以上が見つかっています。ヤドリバチの幼虫は、寄生した昆虫の体液（昆虫の血液）やからだの一部を食べて育ちます。最後は寄生した昆虫を食べつくしてサナギになります。多くの寄生虫は寄生した相手（宿主）から栄養を吸収するだけで殺してしまうことはありません。しかし、ヤドリバチはかならず最後には寄生した相手を殺してしまいます。

　ヤドリバチはいろいろなクモや昆虫に寄生します。クモや昆虫はのがれようとして動きまわったり、深い穴の中にかくれたりします。ヤドリバチの細くくびれた腰や長い産卵管は、このような相手に対して、うまく産卵できるように発達したと考えられています。

　ヤドリバチの成虫は腰が細くくびれているので、葉や肉などは食べることができません。花の蜜や寄生する相手の体液などをエネルギー源にしています。

◀カラスアゲハの幼虫がサナギになるのを待つアオムシコバチのメス。アオムシコバチはアゲハのサナギに産卵する。

▶ヒョウモンチョウの一種のサナギに産卵するキアシブトコバチ。

さや
産卵管

▲▶"こんぼう"のような細長いお腹のオオコンボウヤセバチのメス。樹木の穴の奥にいる宿主を確認して産卵管をさし入れる。産卵管は"さや"で保護されている。アナバチやハナバチの幼虫に寄生する。

※本書では、発達した産卵管をもつ寄生バチ（有錐類）をヤドリバチ類とよんでいる。

外部寄生と内部寄生

寄生する相手のからだの表面に取りついて寄生することを外部寄生といいます。かんたんに産卵できますが、幼虫も風雨や低温、外敵などの危険にさらされる心配があります。木の幹の中やマユ、虫こぶ（47ページも参照）などに寄生するものに多く見られます。

▲ウマノオバチは木の幹の深いところにいるシロスジカミキリの幼虫に産卵する。あらかじめシロスジカミキリのほった穴にもぐりこみ、幼虫がいるのを確かめてから産卵管をさし入れる。

▲幹に産卵管をさし入れて甲虫の幼虫に産卵するキスジクチキヒメバチ。

▼馬の尾の毛のように長い産卵管（約16㎝）をもつウマノオバチ。

▲虫こぶの中のクリタマバチのサナギ（↓）に外部寄生したオナガコバチの一種の幼虫（↑）。

▲モンキチョウの幼虫に内部寄生していたアオムシサムライコマユバチの幼虫が、体内からつぎつぎに脱出してマユをつくる。

▲翌日のようす。幼虫のからだの表面にたくさんのアオムシサムライコマユバチのマユがついていた。チョウの幼虫は体内を食べつくされて死んでしまった。

寄生する相手のからだの中に産卵し、幼虫がからだの中で成長することを内部寄生といいます。幼虫は外敵におそわれることはありませんが、宿主の血球などの攻撃をうけます。そこで、ヤドリバチの卵や幼虫は宿主の血球から攻撃されないような対策を身につけています。また、ヤドリバチの幼虫は、えさをさがすために動く必要がないので、眼やあしはなくなりました。

45

第3章 ハチのたどってきた道

昆虫に寄生するハチ２

▲カタバミの葉に産卵するヤマトシジミ。

▲葉の上を歩くタマゴコバチの一種。

▲シジミチョウの卵から羽化しようとするタマゴコバチの一種。体長は約0.5mm。

卵に寄生する極小のハチ

　卵にはまだ血球がないので、卵の中に寄生しても異物として攻撃されることがありません。しかし、昆虫の卵は小さいので、ハチが育つえさとしてはとても足りません。卵に寄生するハチは、自分のからだを小さくすることでこれを解決しました。昆虫の中で最も小さいのがコバチの仲間です。世界でいちばん小さい昆虫はチャタテムシの卵に寄生するハチで、0.139mmしかありません。

　また、水中に産みつけられたアメンボの卵に寄生するものや、そのほかいろいろな環境でくらす昆虫に寄生するものなど、多くの種類があらわれました。

▲水の上にういているアメンボの成虫。

▲水中の卵の中で成長したアメンボの幼虫（右）とアメンボの卵の中で羽化したタマゴクロバチの一種（左）。

▲水面にうかび上がったタマゴクロバチの一種。

◀アメンボの卵から脱出するタマゴクロバチの一種。体長は約1mm。

アブラムシに寄生するハチ

　アブラムシは植物の茎や葉から栄養液をすって生活します。親は卵ではなく幼虫の状態で出産するので、繁殖力がとても強い昆虫です。テントウムシなど多くの昆虫がアブラムシをおそって食べますが、アブラバチやツヤコバチは内部寄生します。寄生したハチの幼虫がアブラムシの体内で成長すると、アブラムシは丸く固まってミイラ状になることから、これをマミー（ミイラ）とよびます。ヤドリバチの中には、このマミーに寄生するものがいます。寄生したハチに寄生するので二次寄生といいます。

▲後ろ向きになってアブラムシに産卵管をさすワタムシヤドリコバチ（ツヤコバチ科）。

▲ダイコンアブラムシに腹部をまげて産卵するダイコンアブラバチ。

▲アブラムシに馬乗りになって産卵するアブラタマバチの一種。

▲マミーに産卵するオオモンクロバチの一種。先に寄生していたハチに寄生することになる。

虫こぶに寄生するハチ

　虫こぶとは、アブラムシやタマバエ、ダニなどが植物に産卵してつくる"こぶ"のようなもののことです。この虫こぶの中のタマバエの幼虫に寄生するハチがいます。

▲クズトガリタマバエの幼虫がクズの葉につくった虫こぶに産卵するクズマメトビコバチ。体長は約1.8mm。

▲ヨモギの葉にヨモギワタタマバエの幼虫がつくった虫こぶに産卵するヒメコバチの一種。体長は約1.3mm。

●もっと知りたい● 虫こぶをつくるハチ

　タマバチの仲間は、植物の葉や新芽に産卵管をさして卵を産むので、植物に寄生するハチといえます。葉や新芽の中でタマバチの幼虫がふ化すると、まわりの壁がふくらんで"こぶ"のようになります。これを虫こぶとよんでいます。タマバチの幼虫は虫こぶの内側の壁を食べて育ちます。虫こぶが幼虫の育室と食料なのです。

　また、タマバチの仲間には、オスとメスの両方がいる時期（両性世代）とメスだけがいる時期（単性世代）が交ごにあらわれるものがあります。これを世代交番といい、両性世代と単性世代では、それぞれ成虫やできる虫こぶの形、虫こぶのよび名にちがいがあります。

タマバチの世代交番

クヌギハナカイメンタマバチ　両性世代
5月下旬ごろ 虫こぶからタマバチのオスとメスが生まれる。
6月上旬ごろ メスはクヌギの若葉の裏に産卵。

クヌギハナカイメンフシ
7月中旬ごろ クヌギの葉の裏に虫こぶができる。

クヌギハケタマバチ　単性世代
4月中旬 雄花に虫こぶができる。
3月ごろ 雄花の花芽に産卵する。
虫こぶから生まれてくるのはメスだけ。

クヌギハケタマフシ

47

第3章 ハチのたどってきた道

寄生から狩りへ

ヤドリバチの仲間の中から産卵管のしくみを変え、やがてえさを巣に運んで子育てするハチが進化していきました。どんな仲間が登場してきたのでしょう。

▶ノブドウの花の蜜をすうオオセイボウ。

ヤドリバチからカリバチへ進化

ヤドリバチの中に、確実に卵を産みつけるためにクモや昆虫をとらえ、麻酔してから産卵する有剣類があらわれました。有剣類のハチは産卵管を麻酔する針に変えて、卵は産卵管を通さずに、針のつけ根から産みだします。さらに、子どもを育てるための巣をつくり、狩りをしてとらえた獲物を運ぶカリバチ（狩りバチ）があらわれます。

宝石のように美しいセイボウ

セイボウは漢字で青蜂と書きます。青や緑、赤色の金属光たく※をもつ美しいハチです。セイボウも有剣類のハチですが、ほとんどの種類がカリバチに寄生します。

セイボウは進化の道筋では、カリバチより先に枝分かれしたグループです。それがカリバチに寄生するのは矛盾しているように見えますが、生物の進化はある一つの方向にだけ進んでいくわけではありません。さまざまに枝分かれしながら、それぞれがさらに進化をつづけます。これが生物の多様性を生みだしているのです。

▲ムツバセイボウのメス。虹色の金属光たくが美しい。
◀スズバチの巣に産卵するオオセイボウ。

▲宿主のヤマトフタスジスズバチ（左）の巣を見張るムツバセイボウのメス。

▲草の上からナミツチスガリの巣を見張るハラアカマルセイボウのメス。

※セイボウのからだが美しくかがやいて見えるのは、かがやく色素があるからではない。からだの表面の細かい凸凹で反射したいろいろな波長の光が重なりあっておこる現象で、構造色とよばれる。CDで見られるのと同じ現象。

頭かくして尻かくさずのカマバチの幼虫

カマバチはウンカをとらえ、麻酔してから産卵する有剣類のハチです。巣はつくらないので、まだカリバチとはいえません。卵をウンカのからだの中に産むので、内部寄生のハチです。卵が幼虫になると、頭はウンカのからだの中に食いこんだままですが、お腹はウンカのからだから露出します。イネの害虫のウンカに寄生するので、人間にとっては益虫です。

巣をつくらないカリバチのツチバチ

ツチバチは土の中にいるコガネムシの幼虫などに産卵します。コガネムシの幼虫がいるところまで土の中をほり進み、幼虫を毒針で麻酔してから、その場でからだの表面に産卵します。

ツチバチはコガネムシのほった穴をそのまま巣として利用し、獲物をより深い場所に移動させたり、育室のような空間をつくったりすることがあります。獲物は麻酔されているだけなので、くさることはありません。また、動くこともないのでツチバチの卵や幼虫は安全です。

▲クロハラカマバチのメス。体長は約1.5mm。

▲クロハラカマバチに寄生されたウンカの幼虫。カマバチの幼虫のお腹が見えているのは呼吸をするため。カマバチがサナギになるまでウンカは生きている。

クモを狩るクモバチ

クモバチはその名の通り、子どものためにクモを狩ります。1ぴきのクモに1個の卵を産みます。このためにえさとなるクモの大きさによって、成虫になったときのハチの大きさに差ができます。アカゴシクモバチなどの地中に巣をほるクモバチは、狩りをしてから巣穴をほります。原始的なカリバチの特徴が多く見られるグループです。

◀土をほるのに適したツチバチの大あご。

▶自分より大きなイオウイロハシリグモを運ぶオオモンクロクモバチ。

▼土をほるツチバチの一種（メス）。

▲巣穴に獲物のカニグモの一種を引き入れるアカゴシクモバチ。

カリバチからハナバチへ

カリバチの中からやがて家族で子育てをするものがあらわれ、さらに花の蜜や花粉を集めて子育てをするハチも進化してきました。どんなハチたちがいるでしょうか。

二つの進化の道筋

カリバチは二つの道筋に分かれて進化しました。一つはドロバチの仲間から家族をつくるスズメバチの仲間へ進化しました。ドロバチはガや甲虫の幼虫を狩り、麻酔して巣に運びます。家族で生活するようになったスズメバチの仲間は、獲物の昆虫を肉団子にして巣に運ぶので、麻酔をする必要がありません。そこで麻酔針を毒針に変えて巣をまもるようになりました。

もう一つのアナバチやギングチバチなどの仲間には、クモやガの幼虫からバッタやハエ、ハチの成虫まで、いろいろな獲物を狩るものがいます。この中のフシダカバチの仲間から、花粉と花の蜜で子育てするハナバチが進化したと考えられています。

原始的なハナバチであるメンハナバチの仲間には花粉を運ぶ毛がないので、蜜といっしょに花粉も胃

▲ガの幼虫に麻酔するヤマトフタスジスズバチ。

▲とらえたハエを肉団子にするクロスズメバチ。

▲巣穴をふさぐための樹皮を集めるミカドジガバチ。

▲ナツトウダイの花の蜜をすうナミツチスガリのメス。フシダカバチ科のハチは、ハナバチにいちばん近い仲間。

▲カリバチの特徴がのこるハナバチのマツムラメンハナバチ。テリハノイバラの花の花粉を食べている。

▲アレチウリの花の蜜をすいにきたニホンミツバチ（働きバチ）。ミツバチは家族で生活するハナバチの仲間。

●もっと知りたい● ハチの種類数

　ハチは甲虫類、チョウ・ガ類についで種類が多く、日本で約4600種、世界では約13万種も見つかっています。

　日本で確認されているハチの中で、いちばん多いのはヤドリバチ類で全体の半分以上の約2500種です。また、ハバチ・キバチ類は約700種が確認されています。のこりは産卵管が麻酔針や毒針になったハチで、まとめて有剣類とよばれています。

特徴		ハバチ・キバチ	ヤドリバチ	カリバチ	ハナバチ
体形	成虫	腰がくびれない 広腰類	腰がくびれる 細腰類		
	幼虫	眼とあしがある	眼もあしもない		
産卵管		のこぎり状	きり(錐)状 有錐類	麻酔針・毒針 有剣類	毒針
巣		つくらない		つくる	
幼虫の食物		植物食	寄生	肉食	花粉・花蜜食

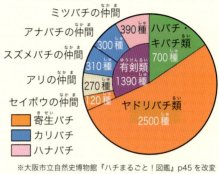

※大阪市立自然史博物館『ハチまるごと！図鑑』p45を改変

に飲みこんで運ぶなど、まだカリバチのなごりが多くのこっています。ハナバチは獲物に麻酔する必要がないので、麻酔針は毒針となっています。ミツバチなどの家族で生活するハチは、巣をまもるために働きバチ（メスバチ）が毒針を使います。

はねを落とした カリバチの仲間のアリ

　アリはカリバチの仲間で、すべての種が家族で生活しています。雑食性の種類が多く、ほとんどの種は毒針をもっていません。働きアリにははねがなく、女王アリとオスアリにははねがありますが、結婚飛行をして交尾すると、女王アリは自分のはねを食いちぎってしまいます。このようにほかのカリバチとはちがいが多いことから、カリバチとは別にあつかわれるのがふつうです。

◀はねを落とした女王アリ（大きいほう）とはねをもたない働きアリ。

▲はねがあるムネアカオオアリの女王。
◀アズマオオズアリの兵隊アリ（大きい2ひき）と働きアリ。

コラム

竹筒トラップで観察しよう

●竹筒トラップのつくり方

　オオフタオビドロバチなど竹筒に巣をつくるハチは、竹筒トラップ（わな）を使うと観察できます。内径が5〜15mmぐらいの竹やシノダケ、ヨシ筒などを用意して、片方の節をのこして切ります。これを10〜20本ぐらい束ねるか、すだれのようにして軒先など雨のあたらないところにつるします。いろいろな環境に設置すると、どんなハチがすんでいるか調べることもできます。

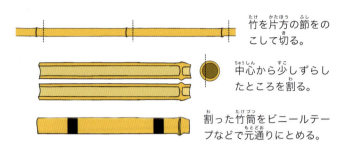
竹を片方の節をのこして切る。
中心から少しずらしたところを割る。
割った竹筒をビニールテープなどで元通りにとめる。

　竹筒の中を観察したいときは、あらかじめ竹を割ってからビニールテープなどを巻いて元通りにします。ハチの出入りが確認できないときは、強力な小型LEDライトの光をあてると、ハチが使っているかどうかがある程度わかります。

●竹筒トラップにくるハチたち

　竹筒トラップには、カリバチだけでなく、寄生バチもやってきます。どれも危険なハチではありませんが、素手でつかまえるとさされるので注意しましょう。

▲竹筒でつくったトラップ。

▲ヨシ筒にやってきたマメコバチ。
▲竹筒の巣にもどってきたバラハキリバチ。お腹に花粉をつけて運んできた。
▶竹筒の巣に切りとったクズの葉をだいてもどってきたクズハキリバチ。
▲ヨシ筒の巣から顔をだすナミカバフドロバチ。
▲竹筒の入り口に泥でえんとつ状のものをつくるエントツドロバチ。

▲寄生相手のヤマトフタスジスズバチの巣をさがすムツバセイボウ。

第4章
ハチがまもる自然の多様性と生態系

▼セイヨウミツバチ

カリバチの多様な狩りの獲物

カリバチの中で、いちばん原始的な特徴をもつのは、クモバチ科です。その後、進化の道筋のちがいから、スズメバチの仲間とアナバチの仲間の、2つのグループに分かれました。それぞれのカリバチが狩る獲物をくらべてみましょう。

クモバチの仲間

クモバチ科は全部の種がクモを狩ります。クモには、地中に穴をほって巣をつくるクモ、地上に網を張るクモ、網を張らずに歩きまわる歩行性のクモなどがいますが、クモバチの種類によって狩るクモの種類がちがっています。

●クモバチの仲間

▲オニグモをとらえたフタモンクモバチ（クモバチ科）。

▲コガネグモの一種をとらえたオオシロフクモバチ（クモバチ科）。

●アナバチの仲間

▲クモを竹筒の巣穴にもちかえったヤマトルリジガバチ（アナバチ科）。

●スズメバチの仲間

▲イモムシをとらえたヤマトフタスジスズバチ（ドロバチ科）。

▲ハムシ（甲虫）の幼虫を巣に運ぶハラナガハムシドロバチ（ドロバチ科）。

▲ヤブガラシの花で蜜をすっているクロスズメバチをとらえたキイロスズメバチ（スズメバチ科）。

▲獲物のイモムシを肉団子にするフタモンアシナガバチ（スズメバチ科）。

▲つかまえたシロカネグモを運ぶコシブトジガバチモドキ（ギングチバチ科）。

▲アブラムシを狩るアバタアリマキバチ（アリマキバチ科）。

スズメバチの仲間

　この仲間にはドロバチ科、スズメバチ科があります。ドロバチ科のハチには、ガの幼虫を狩るものとハムシなどの甲虫の幼虫を狩るものがいます。家族で生活するアシナガバチやスズメバチはいろいろな昆虫を狩り、肉団子にして巣に運びます。ミツバチやほかのスズメバチをおそうこともあります。

アナバチの仲間

　アナバチの仲間は、アナバチ科、ギングチバチ科、フシダカバチ科などのハナバチに近いグループです。クモやガの幼虫を狩るハチのほか、バッタなどいろいろな昆虫の成虫を狩るハチもいます。なかにはハエやハナアブ、ハナバチのように動きのすばやい昆虫を狩るハチもいます。

▲ホソバシャチホコの幼虫を巣穴に運ぶミカドジガバチ（アナバチ科）。

▲シブイロカヤキリを運ぶクロアナバチ（アナバチ科）。

▲ウマオイを運ぶコクロアナバチ（アナバチ科）。

▲つかまえたハエを運ぶヤマトトゲアナバチ（ギングチバチ科）。

▲つかまえたハエを運ぶイワタギングチバチ（ギングチバチ科）。

▲つかまえたガガンボを運ぶガガンボギングチバチ（ギングチバチ科）。

▲とらえたキジラミを運ぶニッコウマエダテバチ（アリマキバチ科）。

▲とらえたアワフキムシを運ぶミスジアワフキバチ（ドロバチモドキ科）。

▲とらえたハナバチを運ぶナミツチスガリ（フシダカバチ科）。

小さな天敵の役目

寄生バチは小型の種類が多く、人の目にふれることはほとんどありません。しかし、昆虫やクモの異常な発生をおさえるだいじな役割をしています。

クリタマバチとオナガコバチ

クリタマバチは第二次世界大戦中に中国から侵入した害虫です。クリの新芽に産卵して虫こぶをつくり、大きな被害をあたえます。このハチの被害を防ぐためにチュウゴクオナガコバチという天敵のハチを導入しました。その後、日本の寄生バチの中に寄生する相手をふやして、クリタマバチにも寄生するものがあらわれました。クリタマオナガコバチです。

▲クリの芽に産卵するクリタマバチ。

▲クリタマバチの幼虫がつくった虫こぶ。中で幼虫が育っている（左）。虫こぶの中のクリタマバチのサナギ。こぶを切ってみたところ（右）。

◀虫こぶに産卵するクリタマオナガコバチ。こぶの中にクリタマバチの幼虫がいる。

▲虫こぶの中のクリタマバチの幼虫（↓）とクリタマオナガコバチの幼虫（↓）。

コナジラミとツヤコバチ

　コナジラミは大きさが1〜3mmほどの白いカメムシの仲間です。たくさんの種類があり、野菜やミカンなどいろいろな植物に発生します。温室で栽培されるキュウリなどの野菜には、オンシツコナジラミが発生します。その防除に天敵のオンシツツヤコバチが使われています。農薬のかわりに使う天敵のことを生物農薬といいます。生物農薬は化学物質の農薬のように野菜に残留する心配がありません。

クロメンガタスズメとタマゴコバチ

　クロメンガタスズメは大型のスズメガで、背中にドクロのような不気味な模様があります。幼虫は終齢ではおよそ10cmにもなります。以前は九州などあたたかい地方にだけ分布していましたが、少しずつ北に分布を広げています。幼虫はナスやトマトなどの葉を食べます。家庭菜園にも発生して、ナスやトマトをあっという間に丸坊主にします。

　クロメンガタスズメの卵は直径約2mm。この卵に体長が0.5mmのタマゴコバチの一種が寄生します。このコバチに

▲ユズの葉についたミカンコナジラミ。　▲コナジラミの幼虫。

▲羽化するツヤコバチ。　▲ツヤコバチの一種。体長は約0.6mm。

寄生されたクロメンガタスズメの1個の卵からは、20ぴき以上のコバチが生まれてきます。スズメガにとっては最小で最強の天敵です。

▲クロメンガタスズメの卵に産卵しようとしているタマゴコバチの一種。

▲卵のからを破って頭をだしたタマゴコバチの一種。

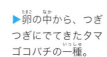
▶卵の中から、つぎつぎにでてきたタマゴコバチの一種。

▲クロメンガタスズメの成虫。

▼クロメンガタスズメの終齢幼虫。

花のたいせつなパートナー、ハナバチ

多くの花は花粉を運ぶ送粉者にハナバチをえらんでいます。一方、ハナバチは花をどのように利用しているのでしょう。

花がハナバチによって受粉するしくみ

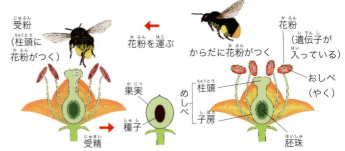

たがいに利用しながら進化してきた

植物は子孫をのこすための種子づくりに、同じ仲間の花から花粉をうけとり、自分の花粉を同じ仲間の花に送りとどける必要があります。ハナバチは子育てに必要なたくさんの花粉と花の蜜を集めて巣にもちかえるために、多くの花をつぎつぎとおとずれます。そこで多くの花は花粉を運ぶ送粉者にハナバチをえらんでいます。

この花粉のうけわたしを確実におこなうために、花は蜜を用意するなど、いろいろな工夫をしています。一方、ハナバチもできるだけ効率よく花粉と蜜を集めるために知恵をしぼります。この知恵くらべによって共に進化することを共進化といいます。花とハナバチは共進化によって結びつきを深め、たがいに多様な種を生みだしました。

特定の花をおとずれるハナバチ

特定の花の開花にあわせてあらわれ、その花だけの蜜と花粉を集めて子育てすることを「狭訪花性」といいます。狭訪花性は春にあらわれるヒメハナバチの仲間など、活動する期間の短いハナバチに多く見られます。

▲コガタホオナガヒメハナバチ（ヒメハナバチ科）。早春にさくウグイスカグラの花に飛んでくる。

▲オオハキリバチ（ハキリバチ科）。夏から秋にさくクズの花の花粉と蜜を集める。

▲ミツクリヒゲナガハナバチ（ミツバチ科）。秋にあらわれ、ハギの花をおとずれる。

▲アシブトムカシハナバチ（ムカシハナバチ科）。秋にさくキク科の花に飛んでくる。

いろいろな花をおとずれるハナバチ

いろいろな花をはば広くおとずれ、花粉と蜜を集めることを「広訪花性」といいます。広訪花性のハチは活動期間の長いハナバチに多く見られます。とくに家族で生活するミツバチやマルハナバチは活動する期間が長く、多くの花の受粉を助けています。

▶スジボソフトハナバチ（ミツバチ科）。年1回、夏から初秋にあらわれる。

▲ミツクリフシダカヒメハナバチ（ヒメハナバチ科）。年2回、春と夏にあらわれる。

▲ニジイロコハナバチ（コハナバチ科）。家族で生活し、春から秋まで活動する。

▲スミゾメハキリバチ（ハキリバチ科）。年1回、初夏から夏にあらわれる。

▲ニッポンヒゲナガハナバチ（ミツバチ科）。年1回、春から初夏にあらわれる。

▲シロスジヒゲナガハナバチ（ミツバチ科）。年1回、春から初夏にあらわれる。

▲キムネクマバチ（ミツバチ科）。春から秋まで活動する。

▲ニホンミツバチ（ミツバチ科）。家族で生活し、1年を通して活動する。

▲ミヤママルハナバチ（ミツバチ科）。家族で生活し、春から秋まで活動する山地性の種。

▲トラマルハナバチ（ミツバチ科）。家族で生活し、春から秋まで活動する。

オオタカ

おわりに──ハチがまもる生態系

　生物とそれをとりまく環境はたがいに複雑に関係していて、生態系というまとまりをつくっています。それぞれの生物は生態系の中で役割をもってくらしています。ハチは生活のしかたが多様なので、生態系の中での役割もさまざまです。
　ハバチなど植物食の昆虫は、植物を食いあらす害虫のように見えますが、ほかの肉食の昆虫や小鳥などのえさとなってその命をささえています。
　キバチは木の幹を食いあらし、カビを増殖させるので林業に被害をあたえます。しかし、自然の森ではキバチなどの働きで大きな木が枯れて朽ちると、その後に若

モズ

ホンドギツネ

シマヘビ

トウキョウダルマガエル

コクロアナバチ

ホンドウサギ

カヤネズミ

クロマルハナバチ

スミスハキリバチ

い木が育ちます。これは森を若返らせるたいせつな役割です。
　寄生バチやカリバチは多くの昆虫やクモの天敵となって、これらが異常に増えるのをおさえています。寄生バチやカリバチは生態系のバランスをたもつたいせつな役目をはたしているのです。
　ハナバチが花から花へ花粉を運ぶことで、植物は種子を実らせて命をうけわたすことができます。緑豊かな自然は、花とハナバチの共生で維持され、多くの草食動物の命をささえています。間接的にはこれを食べる肉食動物もささえているのです。
　このように、さまざまなハチたちの活躍で、地球の豊かな生態系が維持されています。

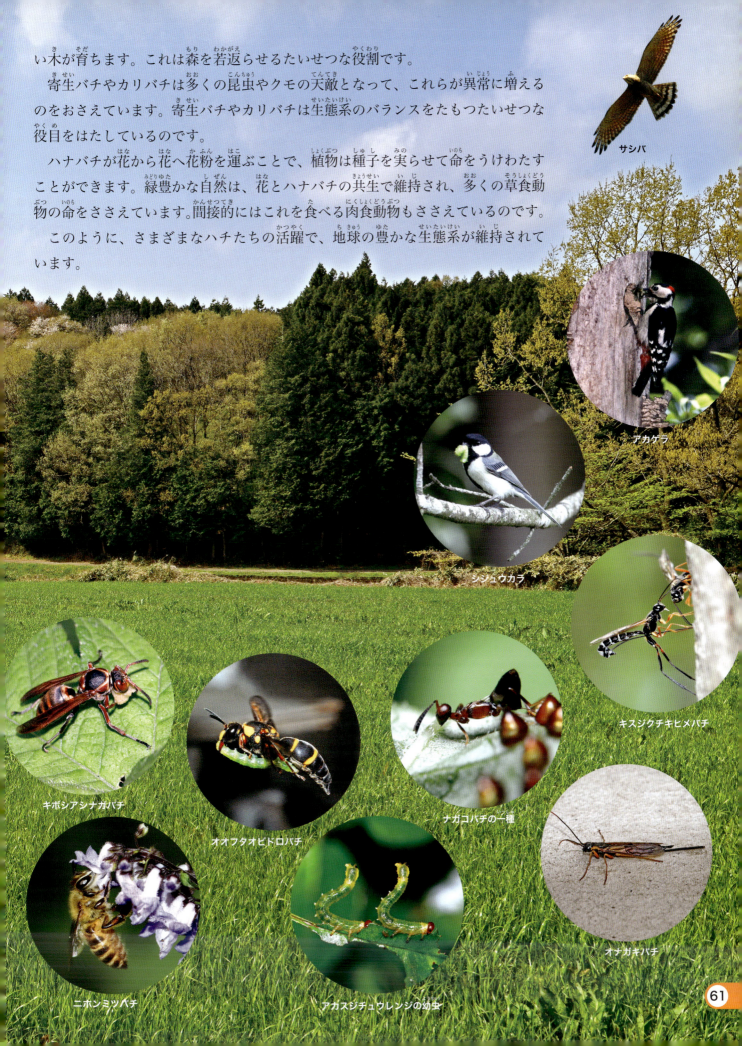

サシバ

アカケラ

シジュウカラ

キスジクチキヒメバチ

キボシアシナガバチ

オオフタオヒドロバチ

ナガコバチの一種

オナガキバチ

ニホンミツバチ

アカスジチュウレンジの幼虫

61

『ハチのくらし大研究』さくいん

【ア】

アオムシコバチ …………………44
アオムシサムライコマユバチ …45
アカガネコハナバチ…5、25、35
アカゴシクモバチ ………………49
アカスジチュウレンジ……42、61
アキノノゲシ ……………………27
アシナガバチ……………………
　　　………8、18、19、20、22
アシブトムカシハナバチ… 4、58
アズマオオズアリ ………………51
アナバチ(科) ……………………
　10、13、16、22、44、50、55
アバタアリマキバチ ……………54
アブラタマバチ …………………47
アブラバチ ………………………47
アブラムシ ……………43、47、54
アメンボ …………………………46
アヤメ ……………………………11
アリ ………………………… 6、51
アリマキバチ科 ……………54、55
イモムシ ………………………6、
　9、10、11、12、15、17、54
イワタギングチバチ ……………55
ウツギ ……………………………26
ウツギヒメハナバチ ……………26
ウマノオバチ ………………41、45
ウンカ ……………………………49
エントツドロバチ…………17、52
オオコンボウヤセバチ …………44
オオジガバチモドキ ……………14
オオシロフクモバチ ……………54
オオスズメバチ………9、21、22
オオセイボウ ……………………48
オオトガリハナバチ ……………33
オオハキリバチ…29、32、58
オオフタオビドロバチ …………
　　　………………15、52、61
オオモンクロクモバチ …………49
オオモンクロバチ ………………47
オスアリ …………………………51
オスバチ ………20、37、38、39
オナガキバチ ……………………61
オナガコバチ………………45、56

オニグモ……………………10、54
オンシツコナジラミ ……………57
オンシツツヤコバチ ……………57

【カ】

ガ(類) …………………………10、
　12、15、21、43、50、51、55
ガガンボ …………………………55
ガガンボギングチバチ …………55
花粉ケーキ ……3、29、31、32
花粉団子 …………………………
　2、24、25、26、27、34、35
カマバチ …………………………49
カリバチ(狩りバチ) ……6、8、9、
　　　10、12、13、14、16、18、
　　　20、24、26、28、32、48、
　　　49、50、51、52、54、61
キアシナガバチ …………………19
キアシブトコバチ ………………44
キイロスズメバチ ………………
　　　…4、8、20、22、40、54
キオビツヤハナバチ ……………34
キコシホソハバチ …………5、42
キスジクチキヒメバチ……45、61
寄生バチ …………………………
　　　…6、44、51、52、56、61
擬態 ………………………………21
キバチ(類) ………………………
　　　………22、42、43、51、60
キボシアシナガバチ ……………
　　　………………18、19、61
キムネクマバチ……………23、59
ギングチバチ(科) ………………
　　　………11、14、50、54、55
クキバチ …………………………42
クズ………13、29、47、52、58
クズトガリタマバエ ……………47
クズハキリバチ …………………52
クズマメトビコバチ ……………47
クヌギ ……………………………47
クヌギハケタマバチ ……………47
クヌギハケタマフシ ……………47
クヌギハナカイメンタマバチ …47
クヌギハナカイメンフシ ………47

クモ …6、8、9、10、14、16、
　44、48、49、50、54、55、56
クモバチ(科) …10、13、22、49
クララ ……………………………11
クララギングチバチ ……………11
クリ ………………………………56
クリタマオナガコバチ …………56
クリタマバチ………………45、56
クロスズメバチ……………50、54
クロハバチ ………………………43
クロハラカマバチ ………………49
クロマルハナバチ ………………60
クロメンガタスズメ ……………57
ケアシハナバチ科 ………………27
コアシナガバチ ………5、9、19
甲虫(類) …………………………
　　…43、45、50、51、54、55
コガタスズメバチ ………………21
コガタホオナガヒメハナバチ ……
　　　………………………4、58
コガネグモ …………10、14、54
コクロアナバチ ……16、55、60
コクワガタ ………………………21
コシブトジガバチモドキ ………54
コナジラミ ………………………57
コバチ …………………22、46、57
コハナバチ(科) …………………
　　　………9、33、35、59
コマユバチ ………………………22
コマルハナバチ……………36、37

【サ】

サトジガバチ………………10、11
ジガバチ …………………………10
社会性(昆虫) …………… 6、35
宿主 …………32、44、45、48
女王アリ …………………………51
女王バチ …………………………
　　　…6、18、36、37、38、39
シリアゲコバチ …………………44
シロスジヒゲナガハナバチ ……59
シロスジフデアシハナバチ ……27
真社会性(昆虫) ………… 6、18
新女王

‥18、20、35、37、38、39
スジボソフトハナバチ ‥‥‥‥‥59
スズメバチ(科) ‥‥‥‥‥‥‥‥‥
‥‥‥‥‥‥‥‥ 2、8、18、20、
21、22、40、50、51、54、55
スミスハキリバチ ‥‥‥‥‥‥‥60
スミゾメハキリバチ‥‥‥‥24、59
生物農薬 ‥‥‥‥‥‥‥‥‥‥‥57
セイボウ(青蜂) ‥‥‥ 22、48、51
セイヨウミツバチ ‥‥‥‥‥‥‥
‥‥‥‥‥‥‥‥‥22、38、40、53
セスジスカシバ ‥‥‥‥‥‥‥‥21
送粉者 ‥‥‥‥‥‥‥‥‥‥‥‥58

【タ】
ダイコンアブラバチ ‥‥‥‥‥47
ダイコンアブラムシ ‥‥‥‥‥47
ダイミョウキマダラハナバチ ‥33
タケニグサ ‥‥‥‥‥‥‥‥‥‥11
タマゴクロバチ ‥‥‥‥‥‥ 5、46
タマゴコバチ‥‥‥‥‥‥‥46、57
タマバチ ‥‥‥‥‥‥‥‥‥‥‥47
チャタテムシ ‥‥‥‥‥‥‥‥‥46
チュウゴクオナガコバチ ‥‥‥56
チョウ(類) ‥‥‥‥‥ 43、45、51
ツチバチ ‥‥‥‥‥‥‥‥‥‥‥49
ツヤコバチ(科) ‥‥‥‥‥‥‥‥47
ツルガハキリバチ‥‥‥‥30、31
トガリハナバチ ‥‥‥‥‥‥‥33
毒針‥‥‥‥‥‥‥‥‥‥‥‥‥‥
2、20、21、22、49、50、51
トックリバチ ‥‥‥‥‥‥‥‥‥12
トラマルハナバチ ‥‥‥‥‥‥59
ドロバチ(科) ‥‥‥‥‥‥‥‥‥
‥‥12、17、22、50、54、55
ドロバチモドキ科 ‥‥‥‥‥‥55
ドローン(なまけもの)‥‥25、38

【ナ】
ナガコバチ ‥‥‥‥‥‥‥‥‥61
ナミカバフドロバチ ‥‥‥‥‥52
ナミツチスガリ‥9、48、50、55
ナミヒメクモバチ ‥‥‥‥‥‥13
肉団子 ‥‥8、18、50、54、55

ニジイロコハナバチ ‥‥‥‥‥59
ニッコウマエダテバチ ‥‥‥‥55
ニッポンヒゲナガハバチ‥25、59
ニホンミツバチ ‥‥ 6、22、24、
25、38、39、40、50、59、61

【ハ】
ハキリバチ(科) ‥‥‥‥‥‥ 2、
28、29、30、32、33、58、59
働きアリ ‥‥‥‥‥‥‥‥‥‥‥51
働きバチ ‥‥‥‥‥‥ 6、18、20、
21、25、35、37、38、39、50
ハナバチ(花バチ) ‥‥‥‥‥‥ 6、
9、22、24、26、28、32、36、
44、50、51、55、58、59、61
ハバチ(類) ‥‥‥‥‥‥‥‥‥‥
‥‥‥‥‥‥ 6、22、42、43、51
母バチ‥‥18、19、28、34、35
ハマキガ ‥‥‥‥‥‥‥‥15、30
ハラアカマルセイボウ ‥‥‥‥48
ハラアカヤドリハキリバチ ‥‥32
ハラナガハムシドロバチ ‥‥‥54
バラハキリバチ ‥‥‥‥‥‥‥52
ヒゲクモバチ ‥‥‥‥‥‥‥‥16
ヒゲナガハナバチ ‥‥‥‥‥‥33
ヒメクサソテツハバチ ‥‥‥‥43
ヒメクモバチ ‥‥‥‥‥‥‥‥13
ヒメコバチ ‥‥‥‥‥‥‥‥‥47
ヒメバチ ‥‥‥‥‥‥‥‥‥‥22
ヒメハナバチ(科) ‥ 26、58、59
ヒメホソアシナガバチ ‥‥‥‥19
フシダカバチ(科)‥‥‥‥50、55
フタモンアシナガバチ‥‥19、54
フタモンクモバチ ‥‥‥‥‥‥54
フトハナバチ類 ‥‥‥‥‥‥‥33
分蜂(分封) ‥‥‥‥‥‥‥‥‥39
ホシアシブトハバチ ‥‥‥‥‥42
ホソハネコバチ ‥‥‥‥‥‥ 5

【マ】
マツノミドリハバチ ‥‥‥‥‥43
マツムラナガハナアブ ‥‥‥‥21
マツムラメンハナバチ ‥‥‥‥50
マメコバチ ‥‥28、29、44、52

マルハナバチ‥‥‥‥‥‥22、59
ミカドジガバチ‥‥‥‥‥50、55
ミカドトックリバチ ‥‥‥ 4、12
ミカドドロバチ ‥‥‥‥‥‥‥ 7
ミカンコナジラミ ‥‥‥‥‥‥57
ミスジアワフキバチ ‥‥‥‥‥55
ミツクリヒゲナガハナバチ ‥‥58
ミツクリフシダカヒメハナバチ ‥
‥‥‥‥‥‥‥‥‥‥‥‥‥‥‥59
ミツバチ(科) ‥2、6、22、25、
33、34、35、38、40、55、59
ミヤママルハナバチ ‥‥‥‥‥59
ムカシハナバチ科‥‥‥‥28、58
虫こぶ ‥‥‥‥‥‥ 45、47、56
娘バチ‥‥‥‥‥‥‥‥‥18、35
ムツバセイボウ‥‥‥‥‥48、52
ムネアカオオアリ ‥‥‥‥‥‥51
ムモンホソアシナガバチ ‥‥‥19
メンハナバチ‥‥‥‥‥‥28、50
モンキジガバチ ‥‥‥‥‥‥‥13
モンクモバチ ‥‥‥‥‥‥ 5、10
モンスズメバチ‥‥‥‥‥21、22

【ヤ・ラ・ワ】
ヤドリキバチ ‥‥‥‥‥‥‥‥43
ヤドリコハナバチ ‥‥‥‥‥‥33
ヤドリバチ(類) ‥‥‥‥‥‥‥‥
‥‥‥‥‥‥ 6、44、45、48、51
ヤマジガバチ ‥‥‥‥‥‥‥‥10
ヤマトシジミ ‥‥‥‥‥‥‥‥46
ヤマトゲアナバチ ‥‥‥‥‥‥55
ヤマトハキリバチ ‥‥‥‥ 2、3
ヤマトフタスジスズバチ ‥‥‥‥
‥‥‥‥‥17、48、50、52、54
ヤマトルリジガバチ ‥‥‥‥‥54
有剣類 ‥‥‥‥‥‥ 48、49、51
ヨモギ‥‥‥‥‥‥‥‥‥34、47
ヨモギワタタマバエ ‥‥‥‥‥47
ルリモンハナバチ ‥‥‥‥‥‥33
労働寄生 ‥‥‥‥‥‥‥‥‥‥33
ワタムシヤドリコバチ ‥‥‥‥47

63

著者　松田　喬（まつだたかし）

1945年、北海道新得町生まれ。埼玉大学卒業。高校生のころから動物の行動について興味をもち、観察をはじめる。大学卒業後、埼玉県で高校の教員をつとめるかたわら、シラコバト、カッコウなど鳥の研究・写真撮影を行う。1998年に栃木県に移り、ハチを中心に花と昆虫の観察・写真撮影をはじめる。著書に『カッコウの子育て作戦』（共著、あかね書房）、『花と昆虫の大研究』（PHP研究所）、『八潮市史自然編』（分担執筆、埼玉県八潮市）、『大井町史自然編』（分担執筆、埼玉県大井町）などがある。

指導協力：片山栄助／中村和夫／松村雄
同定協力：篠原明彦／清水晃／松尾和典／渡辺恭平
撮影協力：国井善夫／栗原隆／栃木ハチの会
写真提供：藤原愛弓（p39、ニホンミツバチの女王バチ）／内田博（p60、オオタカ、p61、サシバ）

企画・編集：プリオシン（岡崎務）
イラスト：松田喬
レイアウト・デザイン：杉本幸夫

参考文献

『本能の進化』（岩田久仁雄、サイエンティスト社）
『ハチの生活』（岩田久仁雄、岩波書店）
「ハチ　巣のかたちに進化をさぐる」『アニマ』No.42（岩田久仁雄、平凡社）
『日本蜂類生態図鑑』（岩田久仁雄、講談社）
『フタモンアシナガバチ』（山根爽一、文一総合出版）
『カリバチ観察事典』（小田英智、偕成社）
『狩蜂生態図鑑』（田仲義弘、全国農村教育協会）
『ミツバチのたどったみち』（坂上昭一、思索社）
『ハチとフィールドと』（坂上昭一、思索社）
「ホクダイコハナバチの生活」『アニマ』No.77（坂上昭一、平凡社）
「コハナバチたちへの招待」『アニマ』No.78（坂上昭一、平凡社）
「セミソシアルなコハナバチたち」『アニマ』No.79（坂上昭一、平凡社）
「ミツバチの神話」『アニマ』No.60（平凡社）
「ニホンミツバチの文化誌」『季刊　自然と文化』第67号（日本ナショナルトラスト協会）
『独居から不平等へ』（坂上昭一・前田泰生、東海大学出版会）
『但馬・楽音寺のウツギヒメハナバチ』（前田泰生、海游舎）
『マルハナバチの経済学』（B. ハインリッチ、文一総合出版）
『マルハナバチ　愛嬌者の知られざる生態』（片山栄助、北海道大学出版会）
『昆虫と花』（F.G. バルト、八坂書房）
『花に引き寄せられる動物』（井上民二・加藤真 編、平凡社）
『日本産マルハナバチ図鑑』（木野田君公・高見澤今朝雄・伊藤誠夫、北海道大学出版会）
『日本産ハナバチ図鑑』（多田内修・村尾竜起 編著、文一総合出版）
『ハチとアリの自然史』（杉浦直人・伊藤文紀・前田泰生 編著、北海道大学図書刊行会）
『あっ！ハチがいる！』（千葉県立中央博物館監修、晶文社出版）
『ハチまるごと！図鑑』（大阪市立自然史博物館　第43回特別展解説書）
『竹筒に巣をつくるハチ』（松本吏樹郎、大阪市立自然史博物館）
『日本動物大百科　昆虫Ⅲ』（日高敏隆 監修、平凡社）
『日本の真社会性ハチ』（高見澤今朝雄、信濃毎日新聞社）

参考webページ

「日本竹筒ハチ図鑑」　森林総合研究所
http://www.ffpri.affrc.go.jp/labs/seibut/bamboohymeno/index-j.htm
「ハチとアリってどんな虫」　兵庫県立人と自然の博物館
http://www.hitohaku.jp/insect-museum/guide/
「寄生蜂の解説」（名城大学農学部昆虫学研究室　山岸健三）
http://www-agr.meijo-u.ac.jp/labs/nn006/entomol/parasitic-wasp.pdf
「WEB寄生蜂図鑑」
http://himebati.jimdo.com/web寄生蜂図鑑/
「HOBEEY」山田養蜂場ミツバチ研究支援サイト
http://www.bee-lab.jp/hobeey/index.html

ハチのくらし大研究

知恵いっぱいの子育て術

2016年9月29日　第1版第1刷発行

著　者　松田　喬
発行者　山崎　至
発行所　株式会社PHP研究所
　東京本部　〒135-8137 江東区豊洲 5-6-52
　児童書局　出版部 TEL 03-3520-9635（編集）
　　　　　　普及部 TEL 03-3520-9634（販売）
　京都本部　〒601-8411 京都市南区西九条北ノ内町11
　PHP INTERFACE　http://www.php.co.jp/
印刷所・製本所　図書印刷株式会社

© Takashi Matsuda 2016 Printed in Japan

※本書の無断複製（コピー・スキャン・デジタル化等）は著作権法で認められた場合を除き、禁じられています。また、本書を代行業者等に依頼してスキャンやデジタル化することは、いかなる場合でも認められておりません。
※落丁・乱丁本の場合は弊社制作管理部（TEL03-3520-9626）へご連絡下さい。送料弊社負担にてお取り替えいたします。
ISBN978-4-569-78589-9　63P　29cm　NDC486

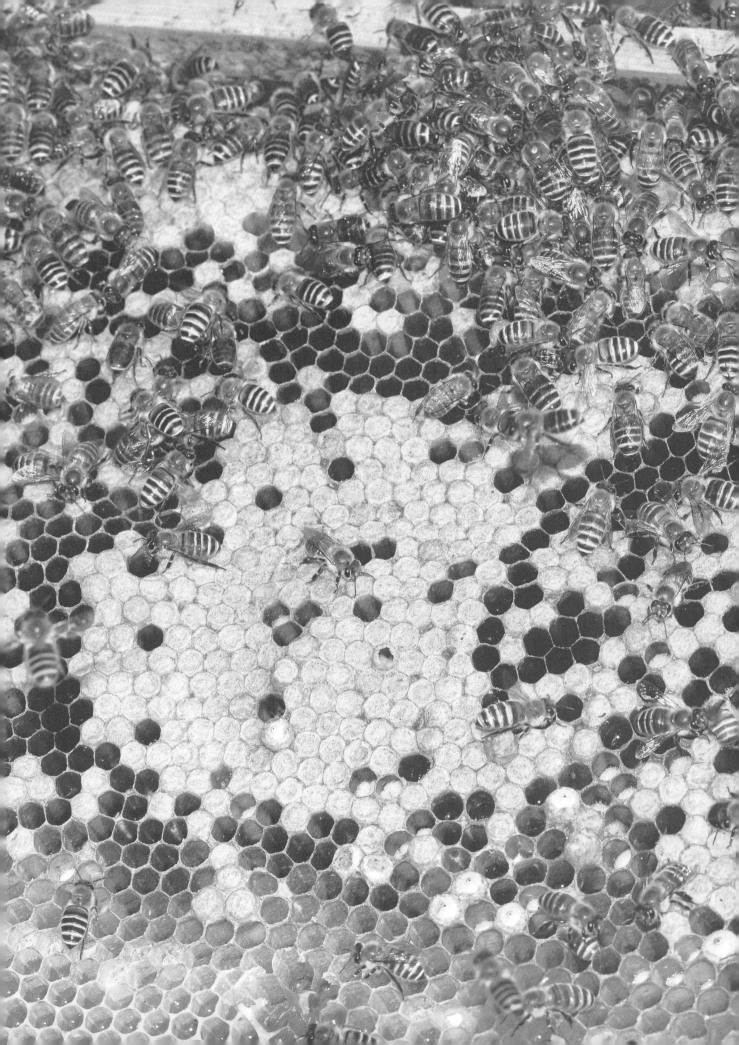